河池市巴马县所略水库水源工程研究与论证

珠江水利委员会珠江水利科学研究院
水利部珠江河口海岸工程技术研究中心

郭 瑜 李伟健 雷 勇 著

黄河水利出版社
·郑州·

内 容 提 要

本书在现场调查、枢纽扩容方案研究、工程调水走向方案研究、与当地政府充分沟通等基础上,提出经所略水库、中间引水渠道、引水管道再到水厂的水源地调水方案。

本书适用于水文数值模拟、水工结构及水源地研究的科研人员、大学教师以及相关专业的研究生阅读,同时可供工程规划设计、石灰岩带生态治理等相关领域的专家学者参考使用。

图书在版编目(CIP)数据

河池市巴马县所略水库水源工程研究与论证/郭瑜,李伟健,雷勇著.—郑州:黄河水利出版社,2019.9
ISBN 978 – 7 – 5509 – 2506 – 9

Ⅰ.①河…　Ⅱ.①郭…②李…③雷…　Ⅲ.①水库工程 – 研究 – 巴马瑶族自治县　Ⅳ.①TV632.674

中国版本图书馆 CIP 数据核字(2019)第 202537 号

出　版　社:黄河水利出版社　　　　　　　　　　网址:www.yrcp.com
　　　地址:河南省郑州市顺河路黄委会综合楼 14 层　　邮政编码:450003
发行单位:黄河水利出版社
　　　发行部电话:0371 – 66026940、66020550、66028024、66022620(传真)
　　　E-mail:hhslcbs@ 126.com
承印单位:虎彩印艺股份有限公司
开本:787 mm × 1 092 mm　1/16
印张:14
字数:323 千字　　　　　　　　　　印数:1—1 000
版次:2019 年 9 月第 1 版　　　　　印次:2019 年 9 月第 1 次印刷

定价:70.00 元

前　言

巴马县近几年来发展迅速,县城人口日益增加,巴马县作为旅游县城,流动人口大幅度增加,县城规模又不断扩大,从而对水资源的需求急剧增加。从水资源状况来看,由于社会经济发展带来的水污染进一步加剧,原作为供水水源之一的盘阳河也受到一定的影响,从而导致供水水源的不足,大大影响了巴马县的发展。自 2009 年 8 月以来,巴马县持续干旱,旱情严峻,成为河池市 6 个特旱县之一,引起了党中央、国务院的高度关注。2010 年 2 月 13 日、14 日,温家宝总理到巴马县视察,对巴马县的抗旱工作提出了"要充分发挥党团员的先锋模范作用,带领和组织群众共同抗旱,共渡难关""首先要保人畜饮水,然后想方设法搞好春耕备耕"的重要指示。2010 年 3 月,温家宝总理在云南考察旱情和抗旱工作时指出"要痛定思痛,下更大的决心,采取更有力的措施,加强水利建设"。根据温家宝总理对水利建设提出的要求,做好重点水源工程建设规划的编制工作,对解决工程性缺水问题,推动水利建设跨越式发展将起到重要的作用。

所略水库集水面积 110.7 km²,坝址处多年平均径流量 9 475.6 万 m³,多年平均流量3.00 m³/s,水量充沛,水质符合供水水源要求,同时离县城较近,若以巴定水库作为中转水库,则新建一条从所略水库的二级电站前池至巴定水库的输水渠道,再对已有的巴定水库至巴马水厂的输水渠道线路进行改造,即可将所略水库的原水输送至巴马水厂,从而解决当地经济社会发展的缺水之困。虽然沿线各乡屯均修建了农村饮水工程,但由于蓄水池偏小,抵抗干旱的能力偏差,遇到干旱年仍将无水可用时,可利用本输水工程,将所略水库作为沿线居民的应急备用水源之用。因此,加快所略水库水源工程建设,既是摆脱巴马地区缺水瓶颈制约、破解水难题的重要出路,也是落实党中央、国务院对该地区关怀的主要行动之一。

有鉴于此,本书在现场调查、枢纽扩容方案研究、工程调水走向方案研究、与当地政府充分沟通等基础上,提出经所略水库、中间引水渠道、引水管道再到水厂的水源地调水方案。全书共分 15 章。第 1 章对本工程基本情况进行综合说明。第 2 章对流域概况、设计洪水、分期洪水等进行分析。第 3 章对区域地质、水文地质、场地工程地质条件进行分析,并给出基础处理的建议。第 4 章对本工程现状进行调查,提出工程建设的必要性,确定工程任务和规模。第 5 章对枢纽和引水线路从选址、布置、建筑物等方面进行设计。第 6 章对金属结构、机电和消防进行设计。第 7 章进行施工组织设计,提出合理的施工导流方案和工期。第 8～15 章分别从占地、环境评价、水土保持、劳动安全、节能、管理、投资估算、经济评价等方面进行分析计算与说明。

本书第 1 章、第 5 章、第 7 章、第 8 章、第 15 章由郭瑜执笔,第 2 章、第 4 章、第 11 章、第 13 章、第 14 章由李伟健执笔,第 3 章、第 6 章、第 9 章、第 10 章、第 12 章由雷勇执笔,全书最后由郭瑜统稿和定稿。本书在撰写过程中,得到了水利部珠江河口海岸工程技术研究中心陈文龙院长、高龙华教授、程延镀教授、谢龙博士、周小清高工、刘学智高工、卢陈硕士、林峰硕士、马世荣硕士、冼卓雁硕士、赖小清学士等的支持和帮助,在此一并表示衷心的感谢。

所略水库属于《西南五省(区、市)县域水源工程近期建设规划报告》及《河池市城市饮用水水源地安全保障规划》中拟定的水源备选地,项目涉及枢纽扩容加固及长距离输水的安全保障等课题,因此本书只是一个阶段性的成果,接下来还有大量的工作要做。鉴于作者水平有限,本书研究难免有不妥之处,敬请读者批评指正。

作 者

2019 年 6 月

目　录

第1章　综合说明

1.1　概　述

1.1.1　项目背景

巴马瑶族自治县(简称巴马县)是广西壮族自治区大石山区工程性缺水的重点县之一,尽管区域年均降水量在 1 560 mm 左右,但在以喀斯特地貌为主的地区,山高坡陡,石山植被差,下雨存不住,几乎是"雨至洪流涌,云去地生烟"。每逢大旱,农村饮水困难,城镇供水告急。特别是 2009～2010 年的秋冬春连旱,不仅给该地区造成重大经济损失,更是给当地群众生活造成重大困难,不少群众的饮用水,都是靠政府组织的汽车或摩托车送水解决。

由此看出,巴马县骨干水源工程建设滞后,是该地区经济发展和人民群众生活生存条件的短板之一。

2010 年春节前夕,中共中央政治局常委、国务院总理温家宝亲临巴马县看望慰问受灾群众,检查指导抗旱救灾工作。温总理强调,要从根本上解决水的问题,切实把这项关系群众切身利益的问题解决好。温总理要求,要标本兼治抓好广西的抗旱救灾工作,加快大石山区水源工程建设,变大旱为大治,实现"有水存得住,旱时用得上",保障人民群众基本生活生产用水。

为了落实中央一号文件精神,落实温总理的重要指示,巴马县委、县政府在做好全面规划的基础上,提出了所略水库水源工程建设项目。

1.1.2　工程概况

所略水库位于广西河池市巴马县西部所略乡境内的灵奇河源头坤屯河上,在坤屯村上游 600 m 河段处,距离巴马县城 33 km。国道 G323、省道 S208 穿境而过,交通较为便利。水库大坝地理位置为东经 107°02′56″,北纬 24°10′17″,具体位置见图 1-1。

所略水库坝址以上集水面积 110.7 km^2,工程总库容 3 747.26 万 m^3。多年平均流量 3.00 m^3/s,多年平均径流量 9 475.6 万 m^3。水库设计洪水位 584.33 m(黄海高程,下同),校核洪水位 585.96 m,正常蓄水位 583.0 m,兴利库容 2 967.3 万 m^3。

本水源工程主要是对所略水库进行扩容(增加有效库容),用以解决巴马县城区,城区周边及工程沿线所略乡、巴马镇的部分乡屯所缺用水,同时尽量减少对水库梯级电站发电效益的影响,即扩容后,水库功能为供水、发电,兼有防洪效益。

1.1.3　编制依据

编制依据主要有:

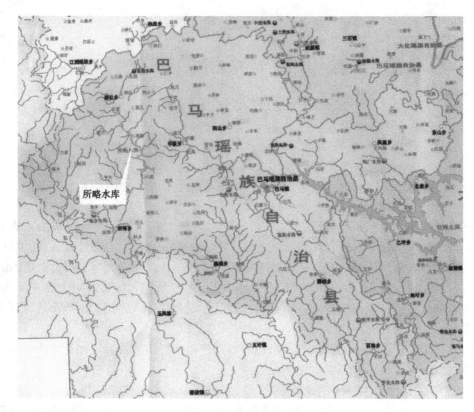

图 1-1　所略水库位置示意图

(1)《巴马县国民经济和社会发展第十二个五年规划纲要(草案)》。

(2)《河池市城市饮用水水源地安全保障规划》,2006.5。

(3)《巴马瑶族自治县县城总体规划(2009~2030)》。

(4)当地自然地理、社会经济、水资源、水文气象、国土资源、人口等基础资料。

(5)国家相关的法律、法规、规章、技术标准、规程、规范等。

(6)勘测设计合同及政府有关部门对项目的有关要求等。

1.2　水　文

1.2.1　流域概况

灵岐河是珠江流域西江水系红水河的一级支流,位于东经 107°00′~107°31′,北纬 23°40′~24°16′,发源于巴马县所略乡境内,由北向南流经巴马、田阳、田东三县,在田东县境折向北流,然后流向东北进入巴马县境,于古龙村汇入红水河,总落差 565 m,全长 164 km,平均坡降 1.26‰,流域面积 2 000 km²。灵岐河大小支流 16 条,最大支流为赖满河,发源于凤山县与巴马县交界的桑杀岭东南麓,流经巴马的六能、赖满、岩延,于田东县甲分村汇入灵岐河。赖满河上游河段称坤屯河,全长 36 km。

所略水库修建在坤屯河上,库区以上为高山深谷地形,峰峦绵延不断,地势高,属云贵高原余脉,地势由西向东南倾斜,海拔一般在 500 m 以上,地面丛林茂密,植被条件良好,山溪冲沟纵横,农业种植面积甚少,约为总面积的 1.1%。坤屯河至所略水库坝址下游约 2.5 km 的弄怀村进入干铲岩洞成为伏流,至白干洞口流出,伏流长 12.4 km,落差达 116 m。

1.2.2 气象

巴马县属亚热带山区类型气候,雨量充沛,气温宜人。

根据巴马县气象站 40 多年资料统计,多年平均降水量 1 560 mm,最大年降水量 2 211.3 mm(1993 年),最小年降水量 1 066.5 mm(1963 年),暴雨量集中在 5~8 月,多年平均蒸发量 1 503.1 mm,多年平均气温 20.6 ℃,极端最高气温 39.1 ℃,极端最低气温 -5.2 ℃,多年平均相对湿度 81%,多年平均最大风速 22 m/s。

1.2.3 水文基本资料

所略水库坝址以上流域内没有水文站与气象站,距坝址 20 km 处设有巴马气象站。巴马气象站于 1958 年设立,位于巴马县城区,地理坐标:东经 107°10′,北纬 24°08′,该站为国家基本站网。本次收集到了巴马气象站 1980~2010 年共 31 年的年降水量及年最大 1 h、年最大 6 h 和年最大 24 h 统计资料。

1.2.4 径流

所略水库径流主要由降水形成,径流特性与降水特性基本一致。本书计算设计年径流由巴马气象站降水资料推求。根据相关文献分析,工程所在区域径流系数为 0.4~0.6,由广西壮族自治区河池水电设计院编写《所略水库梯级电站初步设计书》成果推算,工程所在区域的径流系数为 0.566。由此可得,所略水库多年平均径流深 856.0 mm,水库多年平均流量为 3.00 m³/s。

根据所略水库坝址年径流频率计算结果,经比较分析后选用的典型为:丰水年 $P = 10\%$ 为 2002 年 5 月至 2003 年 4 月,平水年 $P = 50\%$ 为 1991 年 5 月至 1992 年 4 月,枯水年 $P = 80\%$ 为 2004 年 5 月至 2005 年 4 月,特枯年为 2009 年 5 月至 2010 年 4 月。设计年径流年内过程按实测降水过程进行分配,基流(年径流的 15% 考虑)则平均分配,二者叠加得设计年径流年内分配。

1.2.5 洪水

工程流域内无水文测站,缺乏实测水文资料,设计洪水采用推理公式法计算成果作为设计成果。

表 1-1 所略水库坝址洪峰流量计算成果

计算方法	设计洪峰流量(m³/s)				
	0.20%	0.33%	2%	3.33%	5%
瞬时单位线法	1 617	1 515	1 137	1 029	940
推理公式法	1 811	1 578	1 142	1 011	898

1.2.6　分期洪水

按设计洪水计算结果比较后拟定推理公式法为依据,分期洪水亦采用推理公式法。根据《水利水电工程等级划分及洪水标准》(SL 252—2017),3级临时性水工建筑物的设计洪水标准采用 10 年一遇。

1.2.7　水情自动测报系统

所略水库自建成以来,一直实施人工观测坝前水位,未建立水情自动测报系统,未有雨量站,无法进行水情预报。

本次拟建立所略水库水情自动测报系统,测报系统的范围为水库大坝及坝址流域。设置雨量站 2 个,其中坝上雨量站 1 个,库尾那社乡那勒村设遥测雨量站 1 个。设置库区遥测水位站 1 个,全面监测上游流域内来水量,并及时提供水库水位。

在巴马县电业公司设置中心站 1 个,在所略水库管理处设分中心站 1 个,系统的规模为 1:1:3,即 1 个中心站,1 个分中心站,3 个遥测站,所有遥测站的水情信息和工情信息都要传到水库管理处以及县电业公司。

计算机及网络系统以水库管理中心为核心即建立一中心管理局域网,由信息采集系统、信息处理查询系统、数据库及其管理系统 3 个子系统组成。因本系统对通信的可靠性及畅通率的要求较高,本次拟采用程控电话通信,另可以其短波通信作为备用补充。

1.2.8　水质

为了解所略水库的水质状况,巴马县水利局委托巴马县疾病预防控制中心对水库水质进行了连续取样检测,监测项目按《地表水环境质量标准》(GB 3838—2002)中所列项目进行。检测项目共 15 个,成果见图 2-13 ~ 图 2-15。

从检测成果分析可知,在检测的 15 个项目中,所有项目均达到《地表水环境质量标准》(GB 3838—2002)I 类水的要求,所略水库坝段水质总体较好,符合供水水源的水质要求。

1.3　地　质

1.3.1　区域地质概况

1.3.1.1　所略水库

库区位于坤屯河两岸六恒、定洋、那勒之间,属那勒向斜轴部,地势北西高、南东低,以中低山构造剥蚀地貌为主,山体连绵起伏,山顶高程 750 ~ 1 020 m,相对高差 250 ~ 500 m。库区无低洼拗口,与邻谷之间的分水岭厚度 2 ~ 5 km,坤屯河自北向南流经坝区,在下游汇入六能暗河。

1.3.1.2　工程沿线

输水渠道沿线大部分地段是沿半山坡分布,仅局部地段沿山脊分布,工程沿线为中低山构造剥蚀地貌,河谷呈开阔的 V 字形,山体坡度较缓,地表坡度为 20°~40°,两岸大多为第四系残积层覆盖。

1.3.2 工程区地质条件

1.3.2.1 所略水库枢纽工程地质条件

1.地形地貌

工程区为中低山构造剥蚀地貌,河谷呈开阔对称的 V 字形,两岸坡度 30°~45°,河流流向自北向南,河床顺直,河床高程 524.62~528.51 m,右岸下游厂房后为一冲沟,切割较深。两岸大多为第四系残积层覆盖,坝址一带建坝时开挖揭露岩体。

2.地层岩性

枢纽建筑区主要出露三叠系中统百逢组上段(T_2b^2)第 3 层至第 8 层以及第四系残积层、冲积层。

3.地质构造

枢纽工程区地层的单斜构造,岩层走向与河床斜交,交角 65°,倾向上游,倾角 33°~45°,对坝基、坝肩稳定性有利。主要节理走向 10°~20°,倾向北西(右岸偏上游),倾角 70°~86°,为剪节理,断续发育,可见延伸 1.5~7 m,节理间距 0.3~3.5 m,节理缝隙大多闭合~微张。对右坝肩有不利影响,而对左坝肩影响不大。

4.水文地质条件

工程区覆盖层主要为残积成因的粉质黏土,基岩以相对隔水的粉砂岩、泥岩、石英砂岩为主,均为透水性较弱地层。地下水类型以赋存于基岩节理裂隙中的基岩裂隙水为主,其次为松散残积层中的孔隙水。

基岩裂隙水补给来自大气降水,排泄则以下降泉向水库河床排泄,补、径、排区域基本一致。由于节理裂隙大多闭合~微张,且部分为黏性土充填,地层富水性及渗透性均较小,地下水量小。大坝上下游无长流泉,仅右岸冲沟上游出露季节性下降泉,丰水期有水溢出,平水期及枯水期均干枯。孔隙水主要以包气带上层滞水为主,断续赋存于土层孔隙中,水量小,无统一地下水位。

1.3.2.2 所略水库库区工程地质条件

库区近坝地带出露地层为三叠系中统百逢组下段(T_2b^2)细砂岩、粉砂岩、泥岩、石英砂岩;上游为中统百逢组上段(T_2b^1)泥岩、粉砂岩、页岩、细砂岩。表层为第四系残积粉质黏土,均为相对隔水地层。地下水活动微弱,水文地质条件简单,库区无导水断层发育。

库区不存在通向邻谷的渗漏通道,不存在永久渗漏问题。河谷及库周均不存在大型滑坡、坍塌、泥石流等物理地质现象,植被良好,库岸稳定性好,水库淤积量少,不影响运行。水库不存在库周浸没问题,经过十多年运行表明,水库成库条件良好。

1.3.2.3 所略水库至二级电站前池输水渠道的工程地质条件

1.引水渠道的工程地质条件

1)坝首—弄怀隧洞进口段

从坝下厂房尾水—弄怀隧洞进口,全长 2 300 m(其中 2 座渡槽长 152 m),渠道沿线大部分地段沿半山坡分布,仅局部地段沿山脊分布。坡残积层为黄色砂质黏土含碎石、块石,厚度1~2.5 m,下伏基岩系灰黑色中厚层泥岩为主夹砂质泥岩、页岩,多呈弱风化状态,较坚硬,岩层产状多变,岩层走向与渠线方向之间夹角均大于40°,对开挖有利,稳定性好。但局部地段节理发育,岩石风化破碎,有塌坡现象,需采取处理措施。

2)弄怀隧洞出口—总干隧洞进口

长289 m的渠线分布于缓坡及岩溶洼地上,覆盖层为第四系坡残积层,灰黄色、紫红色砂质黏土含少量碎石,粒径一般为3~5 cm,最大为8 cm,厚度3~8.1 m未到基岩,下伏基岩为灰岩。沿线局部地段有基岩裸露,由于山坡不陡,渠道比较稳定。

3)总干隧洞出口—二级电站前池

长660 m的渠道沿线均沿半山坡分布,覆盖层为黄色砂质黏土含碎石,下伏基岩为强风化~弱风化紫红色薄层砂质泥岩夹细砂岩,中厚粉砂岩与砂质泥岩互层,局部地段岩石较坚硬、完整,层理清晰,渠道稳定性较好,但局部地段由于岩层较破碎,开挖易于坍塌,需进行边坡护坡衬砌。

2. 引水隧洞的工程地质条件

1)弄怀隧洞

弄怀隧洞长532 m,进、出口段拱顶上伏岩层较薄,前半段隧洞系穿越三叠系地层,岩性为强风化~新鲜薄层~中厚层砂岩夹砂质泥岩,层理清晰,围岩较坚硬,局部较软,沿线间断有裂隙水滴下,水量很小;后半段所穿过的地层属茅口组灰岩,岩性为弱风化~新鲜灰色、深灰色厚层,巨厚层灰岩,坚硬、性脆,围岩较完整,对开挖有利。

2)总干隧洞

总干隧洞沿线设置于弄怀、弄莫、架晒、大龙凤、龙甲与布林等村之间,全长6 720 m(其中龙凤明渠150 m),地貌属岩溶峰丛洼地区及中高山区地形,岩性大部分地段穿过灰岩,仅接近出口部分,地段为砂页岩。灰岩区岩溶发育,洼地呈串珠状。隧洞全线均位于盘阳河与六能暗河之间,两河水位分别为250 m及490 m高程以下,隧洞底板高程为542.5~529.5 m,高出河水面40~280 m,隧洞全线均处于地下水位以上。

3. 渡槽建筑物的工程地质条件

1)1号渡槽

1号渡槽长75 m,河谷深度20 m,基岩为黄色、灰黄色薄层至中厚层泥岩为主夹中厚层砂岩,呈强风化~弱风化状态。基岩产状:走向北西30°、倾向北东、倾角28°。主要发育的一组节理:走向北东40°、倾向南东、倾角60°,基岩完整性较好。

2)2号渡槽

2号渡槽跨度52 m,沟谷深30 m,基岩为深灰黑色泥岩、钙质泥岩夹中厚层、厚层砂岩,呈弱风化状态。岩层产状:走向东西,倾向北,倾角26°,节理较发育。右岸基岩完整性稍差,左岸基岩较完整,对建筑物稳定有利。

1.3.2.4　二级电站前池至巴定水库输水管道的工程地质条件

1. 地形地貌

管线区地貌单元主要为低山丘陵地貌,地面高程一般为320~550 m,相对高差为50~120 m。管线多布置于二级盘山公路边侧、山坡、山坡脚下及沟谷平地上,管道中心线地面高程一般为325~535 m,相对高差一般为50~110 m。沿线主要分布有水稻、甘蔗等农作物,少量松树、桉树等,其中经过低洼段水田和小沟的长度约占全线的 11% ,其他地段为旱地和荒地,约占全线的 89% 。

2. 地层岩性

根据工程地质测绘和勘探钻孔揭露,管线区的地层主要为第四系人工堆积填土层(Q^s)、第四系坡残积层(Q^{edl})和三叠系中统百逢组第二段(T_2bf^1)的粉砂岩、砂质页岩及细砂岩。

3. 地质构造

根据工程地质测绘和勘探钻孔揭露,工程区内地层产状较稳定,总体为 N40°～60°W,SW∠40°～60°,未发现较大断层通过工程区。

4. 水文地质条件

工程区地下水主要为土层孔隙水和基岩裂隙水,根据钻孔揭露,该工程区的地下水主要为土层孔隙水,埋深较浅,水量中等,对施工有一定的影响。

5. 不良地质作用

根据工程地质测绘和勘探钻孔揭露,工程区内地质条件稳定,无不良地质作用发育。但施工开挖会出现 0.5～2.0 m 的临时边坡,临时边坡稳定性问题是施工时主要的不良地质作用。

1.3.3　天然建筑材料

1.3.3.1　石料

所略枢纽及坝首至二级站前池段的输水渠道所需材料可到弄怀村北面山坡料场(六能暗河进口对面山)开采。该料场为中～厚层石灰岩,质地坚硬,均可满足建坝骨料强度要求,储量有两座小山,易于开采,进坝公路在料场边缘通过,交通运输十分方便。从二级站前池至巴定水库及巴定水库至巴马水厂段渠道所需材料,可到位于那桑东北面山坡料场开采。

1.3.3.2　砂料

工程区范围内没有可供直接利用的天然砂卵砾石料场,工程建设所需的细骨料只能通过人工在各料场加工生产解决。

1.3.3.3　土料场

经查勘,位于巴定水库坝址下游 600 m 的北面土坡可作为土料场,该料场分布于场地表层,主要成分为可塑～硬塑状的粉质黏土夹碎石,碎石成分为全风化～强风化砂岩,黄色,可塑～硬塑状,土料质量基本符合有关要求,储量估算:剥离层(无用层)平均厚度 0.5 m,方量 4.5 万 m³,有用层平均厚度 4.5 m,方量 40 万 m³,储量丰富。

1.4　工程任务和规模

1.4.1　工程建设的必要性

1.4.1.1　实现巴马县"十二五"规划目标的需要

"十二五"期间,巴马县按照规划目标不断加强以交通、水利为重点的基础设施建设,加大工业园区建设力度。届时,城区、工业园区人口将迅速膨胀,城市生活、工业、第三产业需水量将迅速增长。所略水库大坝位于所略乡,输水渠道经过所略乡、巴马镇、巴马城区,横跨盘阳河、灵奇河两大流域,本骨干水源工程建设为盘阳河、灵奇河2大经济区的发展提供水资源支撑,符合巴马经济社会发展的战略需求。

1.4.1.2 解决巴马县城、城区周边及所略乡、巴马镇生产及生活用水的需要

巴马县这几年来的快速发展,县城人口日益增加,巴马县作为旅游县城,流动人口大幅度增加,县城规模又不断扩大,从而对水资源的需求急剧增加。从水资源状况来看,由于社会经济发展带来的水污染进一步加剧,原作为供水水源之一的盘阳河也受到一定的影响,从而导致供水水源不足,大大影响了巴马县的发展。

2009年8月以来,巴马县持续干旱,旱情严峻,成为河池市6个特旱县之一,引起了党中央、国务院高度关注,2010年2月13~14日,温家宝总理到巴马县视察,对巴马县的抗旱工作提出了"要充分发挥党团员的先锋模范作用,带领和组织群众共同抗旱,共渡难关""首先要保人畜饮水,然后想方设法搞好春耕备耕"的重要指示。2010年3月温家宝总理在云南考察旱情和抗旱工作时指出"要痛定思痛,下更大的决心,采取更有力的措施,加强水利建设"。根据温家宝总理对水利建设提出的要求,做好重点水源工程建设规划的编制工作,对解决工程性缺水问题,推动水利建设跨越式发展将起到重要的作用。

1.4.1.3 工程建设条件较好

所略水库集水面积110.7 km^2,坝址处多年平均径流量9 475.6万 m^3,多年平均流量3.00 m^3/s,水量充沛,水质符合供水水源要求,同时离县城较近,若以巴定水库作为中转水库,则新建一条从所略水库的二级电站前池至巴定水库的输水渠道,再对已有的巴定水库至巴马水厂的输水渠道线路进行改造,即可将所略水库的原水输送至巴马水厂,从而解决当地经济社会发展的缺水之困。同时,虽然沿线各乡屯均修建了农村饮水工程,但由于蓄水池偏小,抵抗干旱的能力偏差,遇到干旱年仍将无水可用,此时可利用本输水工程将所略水库作为沿线居民的应急备用水源之用。

因此,加快所略水库水源工程建设,既是摆脱巴马地区缺水瓶颈制约、破解水难题的重要出路,也是落实党中央、国务院对该地区关怀的主要行动之一。

1.4.2 工程建设依据及工程任务

1.4.2.1 工程建设依据

2011年中央一号文件《中共中央 国务院关于加快水利改革发展的决定》指出,我国将在今后5~10年内实现水利现代化,"加快水利改革发展,不仅事关农业农村发展,而且事关经济社会发展全局;不仅关系到防洪安全、供水安全、粮食安全,而且关系到经济安全、生态安全、国家安全"。

2010年4月1日,水利部召集广西、贵州、重庆、四川、云南等5省(区、市)水利部门,召开西南5省(区、市)县域水源工程建设规划编制工作会议,部署《西南五省(区、市)县域水源工程近期建设规划报告》编制工作。

巴马县所略水库水源工程项目是广西壮族自治区"十二五"规划范围内推荐的重点水源工程之一,也是巴马县"十二五"规划重点水利工程。项目的实施,对于改善城乡供

水现状,提高当地群众生产、生活条件,完善城市基础设施,促进经济平稳较快增长将发挥积极作用。

1.4.2.2　工程任务

现状所略水库是以发电为主,兼有防洪功能,本水源工程实施后,将对水库进行扩容,水库功能也相应调整为以供水、发电为主,兼有防洪等综合效益。本水库将承担巴马县城,城区周边及工程沿线所略乡、巴定镇等城镇、乡村居民的用水需求。根据城镇供水片区分类,所略水库承担的供水规模拟定将纳入整个巴马县城区供、需水平衡分析中。

1.4.3　设计水平年和设计保证率

基准年为2008年,根据《室外给水设计规范》(GB 50013—2006)和《水利工程水利计算规范》(SL 104—2015)规定,设计水平年结合本工程的规模、特点、重要性和工程寿命确定,设计水平年采用2030年。

根据《室外给水设计规范》(GB 50013—2006)和《村镇供水工程技术规范》(SL 310—2004)的规定,人畜饮水保证率严重缺水地区不低于90%,其他地区不低于95%。本工程供水对象主要是城镇居民和企业,供水区属于较缺水地区,所略水库水源工程的城乡供水设计保证率取95%。

1.4.4　城镇供水规模

巴马瑶族自治县自来水有限责任公司现有盘阳河生产线2条,生产能力2.0万 m^3/d,取水泵站位于盘阳河练乡段岸边,清水池4座,总容积3 000 m^3,现有DN80～DN500的供水管网总长33.7 km。高地净化站位于县城东南部的高山上,规模为0.5万 m^3/d,水源取自六能、周坤的山泉水,合计总设计供水能力为2.5万 m^3/d,县城的淀粉厂采用自备水源。

本工程拟通过新建与改造输水渠道,以巴定水库为中转站,向县城水厂增加日供水能力5.0万 m^3/d,向沿线三个村屯增加日供水能力0.12万 m^3/d,合计年供水量1 868.8万 m^3。

1.4.5　供需平衡分析

根据来水量与需水量平衡分析计算,枯水年(设计保证率为80%)总亏水量为424.4万 m^3(不含发电水量),发生在9月至翌年2月,但其间有15.7万 m^3 余水量(11月),因此可以计算得出需水库调节的水量为408.7 m^3,即水库需增加的兴利库容不应小于408.7万 m^3;特枯年(设计保证率为95%)为发电破坏年,水库的任务为城镇供水,水库的兴利库容不小于2 835.7万 m^3(含新增库容408.7万 m^3),需水库调节的水量为521.8万 m^3,余水量3 139.9万 m^3,来水量大于供水量,满足供水要求。

由于所略水库流域面积相对较小,径流量与来水量均不大。另外,巴马县属亚热带气候,干湿季节明显,降水主要集中在汛期,非汛期(枯水季节)降水、来水均很少,偏枯年份时坤屯河局部河段甚至会有断流现象出现。因此,在保证水库大坝安全、减少库区永久淹没的前提下,由供需平衡分析及水位—库容曲线,正常蓄水位应在582.90 m左右,考虑一定的安全裕度,本次扩容将水库的正常蓄水位取为583.0 m,从而最大限度地发挥水库库容多蓄水优势,提高供水、发电效益,同时满足河道生态基流的需要。

1.4.6 水库扩容后调洪演算

1.4.6.1 起调水位选择

起调水位根据水库兴利调节计算的成果,采用583.00 m。

1.4.6.2 调洪运用方式

采用有闸控制方式,超过583.0 m时采用敞泄方式。

1.4.6.3 调洪计算及成果分析

根据所略水库泄流建筑物条件、防洪调度原则和要求、水库调度运行方式等,按本次复核的设计洪水成果,采用静库容法进行调节计算。调节计算的基本原理是联解水库的水量平衡方程和蓄泄方程,求解方法采用半图解法。

所略水库扩容后,设计洪水标准为50年一遇洪水($P = 2\%$),下泄流量966 m^3/s,设计洪水位584.33 m,相应库容3 405.98 万 m^3;校核洪水标准为500年一遇洪水($P = 0.2\%$),下泄流量1 510 m^3/s,校核洪水位585.96 m,相应库容3 747.26 万 m^3;正常蓄水位583.0 m,相应库容3 167.3 万 m^3,有效库容2 967.3 万 m^3;死水位546.0 m,相应库容200 万 m^3。所略水库洪水调节成果见表1-2。

表1-2 所略水库洪水调节成果

频率	洪峰流量 (m^3/s)	洪水总量 (万 m^3)	最大泄量 (m^3/s)	最高水位 (m)
$P = 0.2\%$	1 811	4 788	1 510	585.96
$P = 2\%$	1 142	3 250	966	584.33

1.5 工程布置及主要建筑物

1.5.1 工程等别及建筑物级别

根据《防洪标准》(GB 50201—2014)、《水利水电工程等级划分及洪水标准》(SL 252—2017)、《室外给水工程设计规范》(GB 50013—2006)及《水工混凝土结构设计规范》(DL 5057—2009)的有关规定,所略水库工程为Ⅲ等,工程规模为中型工程,挡水建筑物、泄水建筑物、引水建筑物为3级建筑物,相应水工建筑物结构安全级别为Ⅱ级;次要建筑物为4级建筑物,相应水工建筑物结构安全级别为Ⅲ级;输水渠道为5级建筑物。

(1)混凝土双曲拱坝按50年一遇($P = 2\%$)洪水设计,500年一遇($P = 0.2\%$)洪水校核。

(2)引水渠道及渠系建筑物按10年一遇($P = 10\%$)洪水设计。

1.5.2 工程总布置

本次水源工程主要是通过对所略水库进行扩容及新建、改造输水渠道,将所略水库的原水输送到巴马水厂,满足县城、城区周边及工程沿线经济社会发展用水需要。对所略水库扩容后,通过改造后的原总干渠,将原水输送到二级站前池,再通过新建的输水管道,将水从二级站前池引至巴定水库,以巴定水库作为中转水库,经由改造后的原巴定水库至巴马水厂的输水渠道,将水输送至巴马水厂,输水渠道总长 25.742 km。同时在输水渠道上预留接口,以满足工程沿线所略乡六能村、巴马镇巴定村与坡腾村居民的用水需求。

1.5.3 枢纽工程续建扩容设计

本次拟对大坝枢纽及其各附属设施进行续建配套及扩容加固设计,从而保持枢纽良好运行状态,充分发挥综合效益。

1.5.3.1 溢洪道加闸整治

本次所略水库扩容坝顶高程(586.5 m)不变,主要是在溢流堰上加一液压平面闸门,将正常蓄水位提高至 583.0 m,为满足汛期泄洪要求,将溢流堰顶削去 0.7 m,降至 579.3 m。溢流堰仍分为 5 孔,中间 3 孔净宽 8.2 m,两边 2 孔净宽均为 8.35 m,中间 4 个闸墩均为厚 0.8 m 的尖圆形钢混结构,闸门槽深 0.25 m,中间壁厚 0.3 m,则前缘溢流净宽 41.3 m。堰顶降低后为利于过流,将堰前缘仍处理成弧形,同时在前缘下部进行加固补强。

1.5.3.2 左坝肩滑坡山体整治

根据安全评价对左坝肩坍滑体边坡稳定的复核计算,左坝肩坍滑体边坡稳定基本满足规范要求,修筑乡村公路时造成人工边坡,坡度较陡,改变了应力分布,在强降雨作用下,很可能导致局部或整体重新滑动失稳,因此对该古坍滑体宜做部分清除及支护。

1.5.3.3 坝体加固续建

根据安全评价结论与现场查勘,大坝相关附属设施尚未续建配套,影响枢纽的正常使用,本次拟对坝体充填灌浆、坝顶扶手栏杆维护、坝后工作栈桥、放空闸门、廊道等进行整治维修。

1.5.3.4 消力池加固护砌

本次拟对消力池进行重新处理,河床用 1.5 m 厚、C20 钢筋混凝土做护坦以保护大坝基础,两岸在 533 m 高程以下用 C15 混凝土 1.0 m 厚做护坡,533.0~545.0 m 高程用 M7.5 浆砌石 50 cm 厚砌石护坡。

1.5.3.5 大坝安全监测系统

枢纽原设计有完整的安全监测设施,后期除变形监测外,其他设施均未再使用,绝大部分已失效,本次按突出重点、兼顾全面的原则,恢复、重建及新建监测系统,仪器、设备尽量布置在典型观测断面、坝段或重要部位,便于设计计算成果分析,并实现联机自动化监测。

1.5.3.6 上坝公路

本次拟将上坝公路在坝下六能村分为左、右两支,一支沿坝左通向定洋,一支从六能村过坝下 1# 渡槽,沿右岸山坡新修公路至六恒;均按四级公路整治,路面宽 7.0 m,路边设排水沟,路面铺混凝土。上坝公路共长约 6.5 km,其中洞口村至左坝肩约 3.0 km,六能村经 1# 渡槽穿过山坡至六恒约 3.5 km。

1.5.3.7　库区水源生态保护

配合环境保护和水土保持措施,对库区进行水源生态保护,在库区河道汇流的库汊处共拟修建 5 座拦渣池,并对 5 处较大的库岸滑坡(不包括左坝肩)进行清除与支护,以保护库岸安全。另外,正常蓄水位抬高后,会淹没库区的 2 座农用桥,本次结合库区整治,将重建这 2 座桥,并新建 2 座农用交通机耕桥,以利于库区群众的生产生活。

1.5.4　坝首至二级站前池输水渠道

(1)对 2 232 m 明渠(桩号 0 +120—0 +440、0 +516—1 +580、1 +632—2 +320、7 +320—7 +480)增设盖板,修补脱落的防渗混凝土面层。

(2)拆除 950 m 明渠(桩号 2 +840—3 +129、9 +849—10 +510)浆砌石护坡,浇筑 C20 混凝土挡墙,并增设盖板,修补另一侧脱落的防渗混凝土面层。

(3)修补 1# 和 2# 渡槽桥面和栏杆。

(4)对隧洞顶部漏水和侧墙拱起部位进行灌浆加固。

1.5.5　二级电站前池至巴定水库输水渠道

根据本工程前池和巴定水库的高程及位置,本阶段采用通过压力管道将水输送至巴定水库的方案。管道底高程略高于二级电站压力前池底板,管道中心线高程 527.50 m,管道埋入地面以下,覆土 0.8 m,沿现有公路前行 2 100 m 左右,然后尽量选择平缓的地形,将水送入巴定水库,尾管高程约 420 m 左右。全程长度 7 530 m。

本工程引水管道 DN600 钢管,由于管道内水压力比较大,在满足技术条件要求前提下,钢管比其他管材价格便宜,更能节省工程造价,管材采取现场建厂制作的形式,以减少运输损耗等费用。

1.5.6　巴定水库至巴马水厂输水渠道

巴定水库至巴马水厂段渠道于 1977 年建成,由盘山明渠、17 座渡槽及 1 座隧洞组成,全长 7 702 m,其中明渠 5 851 m,渡槽 1 454 m,隧洞 397 m。其中,桩号 2 +120 处有一分水口,分水口后紧接一渡槽,渡槽长 108 m。该渠道经过 34 年的运行,存在渠系建筑物老化损坏、渠道渗漏和淤积等问题。

根据各渡槽存在的问题,本次设计保留渡槽 1 座、维修加固 2 座、拆除重建 15 座。

1.6　金属结构、机电与消防

根据工程布置,本工程的金属结构部分包括溢洪道新设工作闸门 5 扇,放空孔更换工作闸扇以及二级电站前池至巴定水库间的新建输水钢管。溢洪道 5 孔工作闸门,中间 3 孔每孔闸孔尺寸 $b \times h = 8.2$ m $\times 3.7$ m,两边 2 孔的闸孔尺寸 $b \times h = 8.35$ m $\times 3.7$ m。放空孔出口底板高程 526.8 m,设计水头 60.0 m,闸门孔口尺寸为 1.8 m $\times 2.0$ m,平面滑动钢闸门,配置螺杆启闭机。从二级电站前池至巴定水库间的输水管道为 DN600 的 Q235B 钢管 7 530 m。

本工程主要火灾危险部位有:①坝区变电所;②电缆沟、道,户内外电缆沟相接封堵处。本工程灭火方式按规范选用 4 个移动式 1 301 卤代烷灭火器,所有电缆选用阻燃电缆,电缆沟内设置防火隔板,隔板的耐火极限不低于 0.75 h,电缆进出配电盘等的孔洞采用防火堵料封堵。值班室通道设计宜满足《水利水电工程设计防火规范》(SL 329—2005)中疏散出口的规定。上坝公路的路面宽度满足规范中消防车道的宽度要求,左坝肩预留回车场地。

1.7 施工组织设计

1.7.1 施工条件

所略水库位于河池市巴马县所略乡六能村,红水河一级支流灵奇河源头坤屯河上,在坤屯村上游 600 m 河段处,距离巴马县城 33 km。所略水库位于所略乡六能村,有上坝公路直通坝顶,坝址附近及工程沿线有龙田乡镇公路通过,公路四通八达,国道 G323、省道 S208 交会于县城,交通便利。

所略枢纽位于坤屯河谷,地势北西高、南东低,山体连绵起伏,输水渠道沿线大部分地段是沿半山坡分布,仅局部地段沿山脊分布,本区地形表现为北部及西部较高,东南部逐渐变低,植被以杂草、灌木为主,有少量乔木和经济林,覆盖率较高。库区周围山坡较多,位置高程合适的场地不多,位于坝址下游的山坡稍平缓,渠道沿线有台地,可满足布置施工场地要求。

所略枢纽及坝首至二级站前池段的输水渠道所需材料可到弄怀村北面山坡料场(六能暗河进口对面山)开采,从二级站前池至巴定水库及巴定水库至巴马水厂段渠道所需材料可到位于那桑东北面山坡料场开采,料场距那桑村约 500 m,工程区范围内没有可供直接利用的天然砂卵砾石料场,工程建设所需的细骨料只能通过人工在各料场加工生产,位于巴定水库坝址下游 600 m 的北面土坡可作为土料场。

本工程所需的钢筋、水泥计划从巴马县市场购买,运距为 33 km,木材在当地解决。

本工程用电比较方便,所略坝首及二级站施工用电计划电源可直接取自坝下电站或二级站,通过降压使用。另外,在工地还需设置一定容量的柴油发电机组,作为备用电源。

施工及生活用水从沿线河中或巴定水库抽取,经水质分析,水源对人体无害,对混凝土无侵蚀性,河(库)水可直接用于施工,水质满足施工及生活用水要求。

1.7.2 施工导流

本水源工程内容包括大坝枢纽扩容续建、输水渠道改建与新建等。枢纽工程扩容维持坝顶高程不变,不影响枢纽的发电、防洪,因此枢纽部分续建加固施工时不需另设施工导流措施,利用大坝发电引水口及放空孔即可。

本工程 25.742 km 引水渠道中,从所略坝首至二级电站前池段 10.51 km 渠道为现有发电总干渠,从巴定水库至巴马水厂段7 702 m段渠道为现有的供水渠道,本次只是对该两段进行整治加固,拆除、改建部分渠系建筑物,对部分明渠进行拆除重建;从二级电站前池至巴定水库间7 530 m长、DN600钢管道为新建段,管道基本沿山坡走势而建,现场制作,浅埋处理。因此,整个输水渠道也不涉及施工导流问题,但在施工时应注意山洪及滑坡灾害问题,做好相应的支挡措施。

1.7.3 施工总布置

根据枢纽布置特点,建筑物布置较为集中,以及施工要求及交通场地状况,枢纽工程施工布置拟设一个施工点布置,场地主要集中在左岸大坝及下游六能村范围内,主要布置综合仓库、加工厂、钢筋加工厂、拌和系统、职工生活区及办公文化福利等。

规划施工区临时用地共计0.19 hm²,全为林地及荒地。

供水输水工程建筑物布置较为分散,拟设12个施工区点布置,原则上隧洞工程每个隧洞口或支洞口附近设一个施工区,相近的渡槽设1个施工区;管线工程设置2个施工区;施工区主要布置综合仓库、加工厂、钢筋加工厂、拌和系统、炸药库、职工生活区及办公文化福利等。

供水输水工程规划施工区临时用地共计18.7 hm²,其中林地、荒山、旱地各1/3。

1.7.4 施工总进度

工程主要建筑物有溢洪道、上坝公路及引水线路工程等组成。各分部在进度安排上相互制约的因素不多,其中溢洪道加设闸门是控制总工期的关键。

工程筹建期为3个月,用于筹建工作。

初步安排施工总工期为24个月,计划第一年9月进场做施工准备工作,第三年8月竣工,施工总进度计划方案为:

(1)施工准备期从第一年9~11月,时间为3个月。准备工程包括临时道路、临时房屋的修建,场地平整等临建工程。

(2)溢洪道及枢纽续建计划从第一年10月至第二年8月完成,历时11个月。

(3)坝首至二级站前池段工程计划从第一年12月至第二年的6月完成,历时7个月。

(4)二级站前池至巴定水库段引水管线工程计划从第二年9月至第三年2月,历时6个月。

(5)巴定水库至巴马水厂段工程计划从第一年12月至第三年6月,历时20个月。

(6)竣工清理安排2个月,在第三年的7月、8月,其完成的内容包括场地清理、工程交接、竣工资料整理。

1.8 淹没、工程占地与移民

所略水库扩容工程不对水坝进行加高,扩容后校核洪水位低于原设计水位,只将正常蓄水位从580.0 m提高至583.0 m,则水库主河道回水长度增加约500 m,水库面积增加0.271 km²,其中0.136 km²属河道面积,因库区河谷较陡,陆地淹没面积约0.383 km²。根据调查,库区常水位新增淹没范围涉及所略乡的六能村及那社乡的那勤村。

库区多为深切河谷,原水库设计施工时,淹没房屋的标准按 20 年一遇设计洪水位、淹没田地山林的标准按 5 年一遇的设计洪水位进行计算补偿。现状 583.0 m 高程以下没有住户,耕地也主要是库区居民回耕的部分阶地。库区无集镇、城镇、重要工业企业、矿产资源及文物古迹分布,扩容后淹没损失较小。

水库原水经 25.742 km 的输水渠道,从所略水库经巴定水库中转至巴马水厂,经坝首至二级站前池的 10.51 km 渠道为现有渠道,本次只是对其进行整治护砌,不新增占地;二级站前池至巴定水库 7 530 m 为新建输水管道,管道沿山坡浅埋处理,管顶距地面 0.8 m,管线占地均为山坡荒地及旱地,不涉及住户搬迁及耕地占用;巴定水库至巴马水厂段 7 702 m 为现有输水渠道,本次对其进行改建加固,部分渠道拆除重建,均在原址进行,不新增占地。

根据《水利水电工程建设征地移民安置规划设计规范》(SL 290—2009)关于水库淹没处理设计洪水标准的有关规定,结合所略水库扩容后的库区实际情况,农村居民迁移线考虑泥沙淤 20 年后,采用 20 年一遇设计洪水回水线确定。由于库区已按 20 年一遇设计洪水位对居民进行了搬迁补偿,而输水渠道沿线也不存在新的房屋搬迁,故本次水源工程没有移民或房屋拆迁问题。

耕地、园地、鱼塘征收线考虑泥沙淤积 20 年后,采用 5 年一遇设计洪水回水线确定。由于库区已按 5 年一遇设计洪水标准对淹没田地、山林进行了计算补偿,输水渠道整治段为现有渠道,新建管道主要沿山坡荒地布置,不涉及新增占用耕地、园地及鱼塘事宜。

根据扩容工程施工区布置,确定工程占地范围为 59.82 hm²,其中工程永久占地 40.92 hm²,施工临时用地 18.90 hm²,占地对象包括枢纽区、施工公路、施工营地区、输水渠道等。

所略水库枢纽建设过程中,已按 20 年一遇洪水标准对淹没房屋,5 年一遇洪水标准对淹没的田地、山林进行了计算补偿。本次扩容不涉及移民、耕地征用等。建设征地补偿主要是对工程永久占地和临时占地的补偿。

《广西壮族自治区实施〈中华人民共和国土地管理法〉办法》第四十八条规定,本工程临时占地年限均按 2 年,工程占地补偿总投资为 1 240.48 万元。

1.9 环境影响评价

1.9.1 环境现状

本工程区域由水库区域和输水工程区域两大部分组成。巴定水库、巴定水库至水厂的输水工程区域由砂页岩构成,主要土种有砂页岩红壤土、沙泥土等。所略水库至巴定水库间的输水渠道段,有部分属于碳酸盐岩溶地貌,其土层主要为碳酸盐岩渍性水稻土,土层较薄,主要挂留在岩缝水凼,峰丛洼地,当地称为石山地区。

所略水库库区的森林覆盖率为 62.5%,输水工程沿线区域森林覆盖率也均在 60% 左右。由于该区域属于山区,未解决土地紧张局面,时有村民在坡度大于 25°的山坡上毁林种植现象,近年来,毁林开荒现象虽有遏制,但尚未彻底得到控制。

区域内的大气环境达到《环境空气质量标准》(GB 3095—2012)及修改的二级标准。根据环境现状调查,在该工程区域内,环境噪声声源构成以交通噪声为主,还有机械加工、机械生产等生产生活噪声、施工噪声。

1.9.2 环境影响评价

1.9.2.1 水环境影响评价

水库扩容以后,新增管理人员不多,经预测,新增职工生活污水总量为 84 L/d,水库下游预留生态流量为 0.45 m^3/s,水库下游河道坡降为 0.84%,且多为卵石河床,水体的自洁净能力较强,故对水库下游河道水质不会降低标准。

该供水主要是向巴马县城和沿线乡镇村庄供水,县城用水在正常生产情况下,生产用水、退水经县城污水处理厂处理后排放。只有在污水处理厂事故情况下,才会有一定的废水排出,但县城污水处理厂一般设置了事故处理池,将城区产生的废污水引入事故池,待污水处理设施恢复正常后,用泵提至污水处理设施进行处理,达标后排放,故巴马县城退水对附近河流基本无影响。村镇生活用水的污水主要通过农业灌溉和山溪排出。该区域山溪陡峭,水体自洁能力较强,不会对村镇下游河流造成污染。

1.9.2.2 环境空气影响评价

施工区目前的空气环境质量较好,大气稀释能力和环境容量都比较大。水库蓄水不会对大气环境产生明显的影响。大坝的建成,虽然最大坝高 65.5 m,坝定弧线长度 245 m,阻碍了山谷气流的运动,但是,大坝所阻碍的绝对面积与当地亚热带季风通道相比,可微乎其微。施工期的活动属短期行为,随着施工的结束,大量施工人员、生产设施撤离,施工场地将得到恢复。环境空气质量将恢复到原有水平。

1.9.2.3 声环境影响评价

本工程的枢纽部分、输水线路、交通工程、砂石料场及材料运输过程都在山区人口稀少区域,且山区植被条件较好,有利于噪声的消减。根据分析计算,除砂石料场爆破需要控制在白天进行外,其他施工产生的噪声对附近居民的影响均在 GB 12523—2016 规定的数值以内。但施工人员身处施工前线,施工噪声可能对工作人员的日常生活和身体健康造成一定的影响。

1.9.2.4 生活垃圾对环境影响

施工期生活垃圾排放总量不大,但它们对环境的危害不容忽视,若处置不当,易散发恶臭、滋生病原体、引发疾病流行。应对生活垃圾加以集中处理,定期清运,以避免不必要的损失。

1.9.2.5 生态环境影响预测评价

所略水库扩容以后,正常蓄水位增高 3 m,常年淹没面积增加 0.271 km^2,正常蓄水位以下的陆地生境将变成水域生境,所以淹没线以下的植被、植物群落将被淹没;生活在其间的部分陆生动物也因为栖息环境的改变而不能断续在原地生存而迁移,部分活动能力弱的陆生动物未来得及迁移而被淹没,使生态环境的结构和功能受到一定的影响。但是由于水库淹没区的植物、植被和动物的分布范围较广,在库区以外、水库正常蓄水位以上也有同类动植物物种分布,对于那些迁移能力弱的动物则可以迁移到其他适合生存的环境,因此不会对生态造成较大影响。水库库区未发现国家重点保护动植物,所以不存在对国家重点保护动植物的影响。

1.9.3 环境保护措施设计

1.9.3.1 水环境保护措施

水库为巴马县城市供水的主要水源工程,对水质要求变得更加严格。对库区划分Ⅰ类、Ⅱ类、准保护区,禁止在保护区内新建工厂等其他污染性企业;对库区大力推行沼气池建设,减少人畜粪便对水源的污染;水库配备清渣船,随时清理库内垃圾;配合水土保持,在库汊正常蓄水位左右修建拦沙拦渣墙;在库尾建设生态缓冲带,减轻面源污染对水库水质的污染。

施工布置区主要污染源为生产污水、生活污水、施工机械车辆冲洗污水等。为防止废水进入河道,在各施工布置区设置连续畅通的排水沟,经处理达标后排入河道,避免污染环境。生产及生活污水经过专门处理,直至符合有关环保要求。

生产废水处理要达到的目标是:含油废水要去除油污,含砂、石废水将固体料全部沉淀。生活污水处理系统主要采用生物接触氧化工艺处理降解。

1.9.3.2 环境空气保护措施

防止空气污染的措施:工地施工道路要定期清理打扫,减少道路尘土残留;采用湿式作业,配备洒水车,及时洒水抑尘;对施工道路进行必要的硬化,减少扬尘对大气的污染;对运输车辆采取防撒装备;运输车辆出场应进行冲洗,以保证车辆轮胎不带泥上路;对施工人员采取防护措施,如佩戴防尘口罩等。

1.9.3.3 声环境保护措施

选用新型低噪声设备,注重维修保养避免异态噪声,控制突发性噪声,在各个进场路口设置警示牌,限制车速,禁止鸣笛;对突发性的噪声污染,如爆破等,应尽量避免在人群休息时发生,严禁在夜间进行,为施工人员应佩戴防噪声耳塞、耳罩或防噪声的头盔等。

1.9.3.4 人群健康保护措施

在施工过程中,为减轻废气、粉尘及噪声等对施工人员的健康造成的不良影响,应对施工人员配发必要的劳动保护用品及装备。定时灭蚊、灭蝇、灭鼠,减少传染病的传播途径;加强生活区食堂餐厅的卫生管理。对施工人员进行健康调查和疫情建档。

1.9.3.5 生态环境保护措施

划定施工区和施工人员活动范围线,减少施工人员对施工区范围内及周围陆生动物和植物的影响。控制和降低施工噪声、削减环境空气污染物的排放,降低工程施工对陆生生物和生态环境的影响。工程占用耕地、林地、草地,在施工期或施工结束后采取相对的恢复措施。在工程施工过程中,及时回填开挖料,并且进行植被恢复,设生态流量满足减少河段生态用水需要。

1.10 水土保持

1.10.1 水土流失现状

所略水库扩容工程位于广西西北部,工区涉及喀斯特地貌石山地区和砂页岩丘陵地区,山顶海拔高度为 350~900 m,相对高度在 300 m 左右,山体坡度在 20°~60°。工程区雨水充沛且较集中,大雨、暴雨较多,冲蚀力强,极易造成水土流失。

按照《广西壮族自治区人民政府关于划分水土流失重点防治区的通知》(桂政发〔2000〕40 号)精神,工程区域属于广西水土流失重点治理区,根据《土壤侵蚀分类分级标准》(SL 190—2007),土壤允许流失量为 500 t/(km² · a)。工程区现状土壤侵蚀模数背景值约为 400 t/(km² · a)。山体滑坡治理的背景模数选取:由于山体处于滑坡或临界滑坡阶段,其水土土壤侵蚀模数已经远大于稳定和植被良好的地区,山体已经滑坡,其侵蚀模数根据巴马林业局观测为 16 500 t/(km² · a),临界滑坡还没有滑坡的接近于巴马县常规的数值,为了便于估算,本次分析取其中间值 10 250 t/(km² · a)。

1.10.2 对水土流失的影响

所略水库扩容工程在施工建设过程中,由于坝体加固、坝肩山体加固、渠系工程的明石开挖、区内公路建设、库岸(区)治理及采料场的取料等,均涉及一定的土石方开挖及弃渣,受雨水的冲刷,不可避免地产生水土流失,是一种典型的人为加速侵蚀。流失类型主要为面蚀、沟蚀。在工程建设过程中,相应建设一定的水土保持设施工程,水土流失量可得到一定的、有效的控制。

1.10.3 水土流失防治责任范围及分区

根据工程建设特点,造成的水土流失类型,确定工程水土保持分区为大坝枢纽工程区(包括料场施工场地)、库区治理区、输水工程区、进库公路(包括进库公路、便民公路、临时道路)建设区、弃渣场防治区、采石料场治理区。

1.10.4 水土保持措施

根据本工程主体总体布局特征,确定本工程的水土流失采取重点治理与面上防护相结合,生物措施与工程措施相结合,以工程措施为先导,充分发挥工程措施的速效性和保障作用,生物措施为水保辅助措施,起到长期稳定土壤的水土保持作用。

1.10.5 水土保持监测与管理

监测时段主要有:工程施工作业前水土流失本底监测、工程建设过程中水保设施及水土流失监测、工程完工后水保设施及水土流失监测。工程竣工后,连续监测 6 年,每年监测 2 次,雨季来临前(每年 4 月)监测 1 次,雨季过后(每年 9 月)监测 1 次。

根据本工程的实际情况,发生水土流失较大的区域为弃渣场、取料场、管道施工路段、便民公路建设路段等。为此,拟定在 8 个弃渣场、取料场各设置 1 个监测点,管道施工路段设置、便民公路分别设置 11 个监测点检测水土流失量。

水土流失检测按照《水土保持监测技术规程》(SL 277—2002)执行。

1.11　劳动安全与工业卫生

1.11.1　主要危害因素分析

水库工程生产的特殊性,决定了影响其安全生产的不利因素多而复杂,主要有:洪水、风、霜、雨、雪、雷电、冰冻等自然灾害;高温、高压、易燃易爆、辐射、有毒及缺氧等作业环境;高空、陡坡、交叉等不良作业条件;指挥和作业人员的失误等,都是劳动安全中的主要危害因素。

1.11.2　主要防范措施

所略水库水源工程的安全设计重点在防火、防爆,防机械伤害,防洪、防淹没,防噪声、防振动,防污、防腐、防毒等方面。在工程设计中根据土建、机电等专业相关的规范采取相应的防范措施,即使消除隐患,减少职业危害和设备本身产生的危害。通过对所略水库工程进行劳动安全与工业卫生设计,将为工作人员创造一个安全、卫生、舒适的工作空间和生活空间,能提高工作效率,改善工作环境。

1.12　节能降耗

1.12.1　库区建筑物布置与节能降耗

(1)根据所略水库扩容工程的特点,工程施工时充分采用当地材料,避免深挖和边坡问题,充分减少对环境的破坏。在满足工程施工质量要求的前提下,工程材料选择在距坝址最近的料场开采使用,节省能源资源消耗。

(2)在输水渠道布置上,在满足输水要求及安全的前提下,与自然条件充分协调,利用地形高程差自重供水,不需要抽排,减少了渠道规模和消能处理,降低了建筑工程能耗。

1.12.2　配套民用建筑

配套民用建筑包括居住建筑和办公建筑,该部分可统筹规划,合并修建。居住建筑的建筑节能设计按《广西壮族自治区节能减排实施方案》(桂政发〔2007〕26 号)执行,办公建筑节能设计按《公共建筑节能设计标准》(GB 50189—2015)执行。

1.12.3　施工期节能降耗措施

工程建设管理过程中,应按照节能、节材、节水、资源综合利用的要求,始终贯彻节能降耗的设计思想,依照节能设计标准和规定,把节能方案、节能技术和措施落实到施工技术方案、施工管理之中。

1.12.4 节能降耗效果分析

所略水库是以城镇供水、发电为主的综合利用工程。水库水量综合利用率高,所略水库的扩容建设使得其所在河段水资源得到充分利用,综合利用价值高。

在设计中,输水渠道选用明渠、隧洞与管路等多种输水方式,提高输水效率,减少水量渗漏蒸发损失及水质的二次污染,并充分比较输水管直径,合理选用流速,以减少水头损失,提高输水能力。

1.13 工程管理

本工程的城镇供水范围为巴马城区及其周边,工程沿线所略乡(六能村)、巴马镇(巴定村、坡腾村)等的居民生产生活用水及工农业发展用水,工程具有很强的社会公益性。另外,所略水库还装有 12 260 kW 的梯级电站,有发电效益,具有经营性质。电站供电范围是巴马县网,并可与大电网并网运行。工程的运行调度,首先保证城镇供水、下游水生态环境安全,其次协调好水资源配置与发电的关系,经营性发电要服从公益性功能。

根据《国务院关于加强公益性水利工程建设管理的若干意见》(国发〔2000〕20 号)的精神,所略水库工程管理单位是准公益性水利工程管理单位。

管理机构设置:参照《水利工程管理单位编制定员试行标准》(SLJ 705—81)的有关规定,为使管理机构设置精简、高效,并按"无人值班、少人值守"的原则具体确定人员编制及各项工作管理设施,满足生产经营管理的需要。管理机构设置设生产技术股及办公室。有关人事、保卫、劳资、行政等工作,均由办公室负责,管理机构编制人员 34 人,其中管理人员 5 人,生产运行人员 29 人。

所略水库管理所归巴马县水利电业有限公司统一管理,业务上接受巴马县水利局的指导,汛期时按照水库调度规则接受防汛部门的统一调度。

管理机构的主要任务是负责拱坝、溢洪道、引水发电压力管、放空阀、发电厂房、上坝公路、输水渠道等工程设施的日常运行、维护和修理,确保工程安全运行,汛期在上级部门的领导下承担防汛抢险工作,并对建筑物保护等进行管理,协调各项水利任务之间的矛盾,充分发挥工程的效益,开展综合经营,不断提高管理水平。

1.14 投资估算

1.14.1 编制原则及依据

(1)广西水利厅、发改委、财政厅联合以桂水基〔2007〕38 号文发布的《广西水利水电建筑工程概算定额》。

(2)广西水利厅、发改委、财政厅联合以桂水基〔2007〕38 号文发布的《广西水利水电设备安装工程概算定额》。

（3）广西水利厅、发改委、财政厅联合以桂水基〔2007〕38号文发布的《广西水利水电工程机械台班费定额》。

（4）广西水利厅、发改委、财政厅联合以桂水基〔2007〕38号文发布的《广西水利水电工程设计概(预)算编制规定》。

（5）本工程设计成果。

（6）按2011年第二季度物价水平编制。

1.14.2　总投资估算

工程估算静态总投资为17 206.43万元。其中,工程部分投资14 502.91万元,移民与环境部分投资2 703.52万元,见表1-3。

表1-3　工程项目估算

工程名称:巴马县所略水库水源工程 （单位:万元）

序号	工程或费用名称	建安工程费	设备购置费	独立费用	合计
Ⅰ	工程部分投资				
一	建筑工程	8 139.82			8 139.82
二	机电设备及安装工程	61.71	230.37		292.08
三	金属结构设备及安装工程	190.61	1 289.68		1 480.29
四	临时工程	1 109.57			1 109.57
五	独立费用			2 162.70	2 162.70
	一至五部分投资合计	9 501.71	1 520.05	2 162.70	13 184.46
	基本预备费(10%)				1 318.45
	静态总投资				14 502.91
Ⅱ	移民与环境投资				
一	征地移民补偿	1 240.48			1 240.48
二	水土保持工程	1 184.04			1 184.04
三	环境保护工程	279.00			279.00
	移民与环境总投资	2 703.52			2 703.52
Ⅲ	工程投资总计				
	静态总投资				17 206.43

1.15 经济评价

1.15.1 国民经济评价

对项目进行整体国民经济评价,经计算工程经济内部回收率8.98%,大于社会折现率8%,经济净现值1 542.63万元,大于0,效益费用比1.10,大于1,投资回收期11.1年。国民经济主要经济指标均大于基本要求,表明国民经济评价可行。

1.15.2 财务评价

财务内部收益率为4.38%,大于4%;财务净现值是758.93万元,大于0;效益费用比1.03,大于1。从财务上看,本工程效益较好。

1.15.3 综合评价

所略水库水源工程是以供水、发电为主的综合利用水利工程。工程建成以后,可增加供水水源,每年可向巴马县城区及周边提供清洁自然水1 868.8万t。从国民经济评价看,本工程的效益是好的,其各项指标都达到了规范要求。

从财务分析看,其经济指标也是较好的。而且本工程属准公益性项目,还可为下游提供防洪保障,其防洪效益较大,社会效益显著。

所略水库水源工程特性见表1-4。

表1-4 所略水库水源工程特性

序号	指标名称	单位	原设计	安全评价	本次扩容	说明
一	水文					
1	坝址以上控制集水面积	km²	110.7	110.7	110.7	
2	利用水文系列	年	20	43	31	
3	多年平均径流量	万 m³	9 398	9 398	9 475.6	
4	代表性流量					
	多年平均流量	m³/s	2.98	2.98	3.00	
	设计洪水标准及流量	m³/s	1 260	1 120	1 142	$P=2\%$
	校核洪水标准及流量	m³/s	1 880	1 780	1 811	$P=0.2\%$
5	洪量					
	设计洪水量	万 m³	2 970	2 974	3 250	$P=2\%$

序号	指标名称	单位	原设计	安全评价	本次扩容	说明
	校核洪水量	万 m³	4 560	4 361	4 788	$P=0.2\%$
6	多年平均含沙量	万 m³/年	1.58	1.58	1.58	
二	水库					
1	水库水位					
	设计洪水位	m	584.50	584.27	584.33	
	校核洪水位	m	586.02	585.71	585.96	
	正常蓄水位	m	580.0	580.0	583.0	
	死水位	m	546.0	546.0	546.0	
2	正常蓄水位时水库面积	km²	1.577	1.577	1.848	
3	水库库容					
	总库容	万 m³	3 640	3 685	3 747.26	
	正常蓄水位库容	万 m³	2 627	2 627	3 167.3	
	兴利库容	万 m³	2 427	2 427	2 967.3	
	死库容	万 m³	200	200	200	
4	库容系数	β	0.258	0.258	0.313	
三	下泄流量					
	设计洪水位时下泄流量	m³/s	928	855	966	$P=2\%$
	校核洪水位时下泄流量	m³/s	1 493	1 371	1 510	$P=0.2\%$
四	工程效益					
1	年可供水量	万 m³			1 868.8	
2	下放环境用水	m³/s			0.45	15%
3	发电设计引用流量	m³/s	6.1	6.1	6.1	
五	淹没损失及工程永久占地					
1	工程新增永久占用土地	hm²			40.92	
2	工程临时占地	hm²			18.9	
六	主要建筑物及设备					
1	拦河坝					
	坝型		混凝土双曲拱坝			
	坝顶高程	m	586.5	586.5	586.5	
	最大坝高	m	65.5	65.5	65.5	
	坝顶总长	m	245.05	245.05	245.05	

序号	指标名称	单位	原设计	安全评价	本次扩容	说明
	坝顶宽度	m	4.0	4.0	4.0	
2	泄水建筑物					
	型式		实用堰			
	堰顶高程	m	580.0	580.0	579.3	
	闸顶高程	m			583.0	
	过水净宽	m	42.5	42.5	41.3	
	消能方式		挑流消能			
3	引水建筑物					
	进口型式		压力钢管			
	进口底高程	m	546.0	546.0	546.0	
	断面尺寸	m	$\phi1.6$	$\phi1.6$	$\phi1.6$	
	闸门型式		平板钢闸门			
	最大流量	m^3/s	8.0	8.0	8.0	
4	电站					
	电站型式		四座梯级电站			
	引用流量	m^3/s	6.1	6.1	6.1	
	电站总装机	kW	12 260	12 260	12 260	
5	二道坝					
	坝型		溢流堰式重力坝			
	坝顶高程	m	533	532.79	532.79	
	最大坝高	m	10	10	10	
	坝长	m	57	70	70	
七	施工					
1	主要工程量					
	土石开挖	m^3			159 106	
	块石	m^3			1 728	
	混凝土	m^3			26 216	
	钢材	t			1 316	
2	施工总工期	月			24	
3	施工导流方式及标准					
八	经济指标					

序号	指标名称	单位	原设计	安全评价	本次扩容	说明
	总投资	万元			17 206.42	
	建筑工程	万元			8 139.82	
	机电设备及安装工程	万元			292.08	
	金属结构及安装工程	万元			1 480.29	
	施工临时工程	万元			1 109.57	
	独立费用	万元			2 162.70	
	水库淹没补偿费	万元			1 240.48	
	水土保持工程	万元			1 184.04	
	环境保护工程	万元			279.00	
	基本预备费	万元			1 318.45	10%
	经济内部收益率				8.98%	
	经济净现值				1 542.63	
	投资回收期	年			11.1	

通过以上分析可以看出,所略水库水源工程经济评价指标较好,社会效益显著,工程在经济上是合理的,同时工程具有一定的抗风险能力。建议工程尽早实施,早日发挥效益。

第2章 水 文

2.1 流域概况

　　灵岐河是珠江流域西江水系红水河的一级支流,位于东经107°00′～107°31′,北纬23°40′～24°16′,发源于巴马县所略乡境内,由北向南流经巴马、田阳、田东三县,在田东县境折向北流,然后流向东北进入巴马县境,于古龙村汇入红水河,总落差565 m,全长164 km,平均坡降1.26‰,流域面积2 000 km²。

　　灵岐河下游巴马县境内的那牙至古龙河口全长36.3 km,落差46.6 m左右,平均坡降1.26‰,河段平缓,两岸田地肥沃,人口较为密集。

　　灵岐河大小支流16条,最大支流为赖满河,发源于凤山县与巴马县交界的桑杀岭东南麓,流经巴马的六能、赖满、岩延,于田东县甲分村汇入灵岐。赖满河上游河段称坤屯河,全长36 km。

　　所略水库修建在坤屯河上,控制流域面积110.7 km²,水库多年平均径流量9 475.6万 m³,多年平均流量3.00 m³/s。库区以上为高山深谷地形,峰峦绵延不断,地势高,属云贵高原余脉,地势由西向东南倾斜,海拔一般在500 m以上,地层以中上叠统平而关群砂质页岩为主,上覆红色或黄色亚黏土,地面丛林茂密,植被条件良好,山溪冲沟纵横,农业种植面积甚少,约为总面积的1.1%。

　　流域四周有少量岩溶较发育的汇流区,但所占比例很小。坤屯河至所略水库坝址下游约2.5 km的弄怀村进入干铲岩洞成为伏流,至白干洞口流出,伏流长12.4 km,落差达116 m。

2.2 水文气象资料

　　坝址以上流域内没有水文站与气象站,距坝址20 km设有巴马气象站。巴马气象站1958年设立,位于巴马县城区,地理坐标:东经107°10′,北纬24°08′,该站为国家基本站网。本次收集到了巴马气象站1980～2010年共31年的年降水量及年最大1 h降水量、年最大6 h降水量和年最大24 h降水量统计资料,见表2-1与表2-2。

表 2-1 巴马气象站年降水量统计(水文年) （单位:mm）

年份	年降水量	年份	年降水量	年份	年降水量
1981	1 804.6	1991	1 415.6	2001	1 444.7
1982	1 413.1	1992	1 486.3	2002	1 654.8
1983	1 508.8	1993	1 190.0	2003	1 896.0
1984	1 418.8	1994	2 057.4	2004	1 267.3
1985	1 442.0	1995	2 223.4	2005	1 252.8
1986	1 091.5	1996	1 606.8	2006	1 381.5
1987	1 348.8	1997	1 744.5	2007	1 465.3
1988	1 510.9	1998	1 865.6	2008	1 372.5
1989	1 190.0	1999	1 378.1	2009	1 741.5
1990	1 307.7	2000	1 932.7	2010	956.5

表 2-2 巴马气象站 1980～2010 年历年最大 1 h 降水量、6 h 降水量、24 h 降水量

（单位:mm）

年份	最大 1 h 降水量	最大 6 h 降水量	最大 24 h 降水量	年份	最大 1 h 降水量	最大 6 h 降水量	最大 24 h 降水量
1980	76.7	255.8	259.1	1996	55.4	103.4	144.9
1981	74.7	130.7	136.1	1997	55.0	91.5	134.5
1982	77.9	168.3	186.4	1998	72.3	95.9	115.0
1983	53.5	86.2	115.2	1999	59.5	113.6	147.6
1984	33.9	57.1	76.5	2000	70.2	131.9	145.4
1985	54.1	57.7	88.7	2001	73.8	152.8	202.0
1986	76.7	97.9	118.8	2002	95.1	121.9	124.8
1987	49.4	104.1	129.6	2003	74.1	116.7	129.9
1988	59.4	110.2	115.8	2004	37.9	101.2	116.3
1989	48.0	93.4	93.6	2005	56.9	91.1	91.3
1990	59.6	72.0	99.8	2006	55.3	88.5	102.8
1991	47.4	95.2	134.6	2007	58.1	94.3	168.0
1992	47.1	60.5	93.4	2008	71.0	99.5	122.8
1993	59.3	147.6	162.9	2009	53.4	74.3	100.7
1994	56.6	136.3	184.7	2010	78.0	81.5	81.6
1995	36.5	92.8	100.2				

2.3 径 流

2.3.1 设计年径流

所略水库径流主要由降水形成,径流特性与降水特性基本一致。由于工程附近无实测径流资料,故本书计算设计年径流由巴马气象站降水资料推求。根据相关文献分析,工程所在区域径流系数为 0.4~0.6,由广西壮族自治区河池水电设计院编写《所略水库梯级电站初步设计书》成果推算,工程所在区域的径流系数为 0.566。由此可得,所略水库多年平均径流深 856.0 mm,水库多年平均流量为 3.00 m³/s。

通过对所略水库坝址 1980~2009 年共 30 年的年平均径流量系列进行频率分析计算,采用 P-Ⅲ型曲线拟合适线,得坝址年径流统计参数见表 2-3,频率曲线见图 2-1。

表 2-3 坝址年径流频率计算成果

均值 (万 m³)	C_v	C_s/C_v	年设计径流量(万 m³)			
			$P=10\%$	$P=50\%$	$P=80\%$	$P=95\%$
9 476	0.2	2	11 972	9 350	7 856	6 588

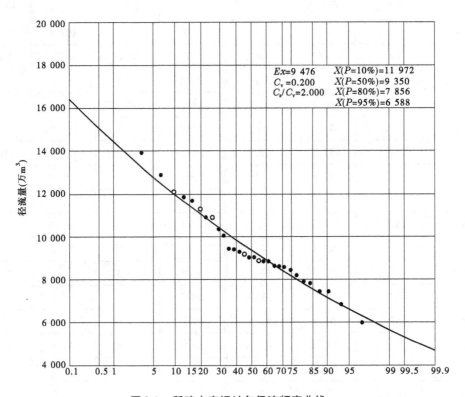

图 2-1 所略水库坝址年径流频率曲线

2.3.2　设计年径流年内分配

设计年径流年内分配采用典型年法,根据所略水库坝址年径流频率计算结果,经比较分析后选用的典型为:丰水年 $P = 10\%$ 为 2002 年 5 月至 2003 年 4 月,平水年 $P = 50\%$ 为 1991 年 5 月至 1992 年 4 月,枯水年 $P = 80\%$ 为 2004 年 5 月至 2005 年 4 月,特枯年为 2009 年 5 月至 2010 年 4 月。设计年径流年内过程按实测降水过程进行分配,基流(年径流的 15% 考虑)则平均分配,二者叠加得设计年径流年内分配。各典型年径流年内分配见表 2-4。

表 2-4　典型年设计径流年内分配成果

典型年		5 月	6 月	7 月	8 月	9 月	10 月	11 月	12 月	1 月	2 月	3 月	4 月	合计
特枯年 ($P =$ 95%)	比例(%)	11.6	21.2	33.7	2.4	5.1	3.8	0.9	2.1	5.4	0.3	0.1	13.5	100.0
	基流 (万 m³)	82.4	82.4	82.4	82.4	82.4	82.4	82.4	82.4	82.4	82.4	82.4	82.4	988.2
	地表径流 (万 m³)	651.0	1 186.1	1 884.6	134.1	285.1	212.5	48.0	116.5	300.3	16.4	8.2	757.0	5 599.8
	总径流 (万 m³)	733.4	1 268.5	1 967.0	216.5	367.5	294.9	130.4	198.9	382.7	98.8	90.6	839.4	6 588.0
枯水年 ($P =$ 80%)	比例(%)	11.6	25.8	24.0	12.3	3.0	0.2	3.3	1.5	2.5	1.6	6.7	7.5	100.0
	基流 (万 m³)	98.2	98.2	98.2	98.2	98.2	98.2	98.2	98.2	98.2	98.2	98.2	98.2	1 178.4
	地表径流 (万 m³)	771.8	1 725.4	1 602.8	823.5	200.4	14.4	218.0	97.5	170.0	104.5	450.4	498.9	6 677.6
	总径流 (万 m³)	870.0	1 823.6	1 701.0	921.7	298.6	112.6	316.2	195.7	268.2	202.7	548.6	597.1	7 856.0
平水年 ($P =$ 50%)	比例(%)	8.2	29.0	10.8	16.0	2.3	10.8	4.6	4.4	2.4	4.6	2.2	4.7	100.0
	基流 (万 m³)	116.9	116.9	116.9	116.9	116.9	116.9	116.9	116.9	116.9	116.9	116.9	116.9	1 402.5
	地表径流 (万 m³)	655.0	2 304.6	856.1	1 272.1	179.1	857.1	367.4	347.6	187.7	368.4	178.6	373.8	7 947.5
	总径流 (万 m³)	771.9	2 421.5	973.0	1 389.0	296.0	974.0	484.3	464.5	304.6	485.3	295.5	490.7	9 350.0
丰水年 ($P =$ 10%)	比例(%)	12.2	32.0	17.9	13.5	3.1	4.7	0.9	4.9	3.3	0.4	2.4	4.6	100.0
	基流 (万 m³)	149.7	149.7	149.7	149.7	149.7	149.7	149.7	149.7	149.7	149.7	149.7	149.7	1 795.8
	地表径流 (万 m³)	1 244.1	3 261.1	1 819.5	1 375.6	314.0	479.8	88.6	502.9	340.8	40.3	243.7	465.9	10 176.2
	总径流 (万 m³)	1 393.8	3 410.8	1 969.2	1 525.3	463.7	629.5	238.3	652.6	490.5	190.0	393.4	615.6	11 972.0

2.4 洪　水

2.4.1 流域特征参数复核

2.4.1.1 集雨面积

流域集雨面积由 1:10 000 地形图圈算。

2.4.1.2 河流河长及坡降量算

在地形图上分别量读各比降变化特征点的等高线高程 Z_i 及相应河长 L_i，按加权平均法计算干流坡降 J：

$$J = \left[(Z_0 + Z_1)L_1 + (Z_1 + Z_2)L_2 + \cdots + (Z_{n-1} + Z_n)L_n - 2Z_0 L \right]/L^2 \qquad (2\text{-}1)$$

式中：$Z_0, Z_1, Z_2, \cdots, Z_n$ 为各断面沿干流各比降变化特征点的地面高程，m；$L_1, L_2, L_3, \cdots, L_n$ 为特征点间的距离，km；L 为总河长，km。

本次集水面积量算结果与原设计成果十分接近，考虑到量算的允许误差及工程资料的延续性，本次仍采用 1985 年所略水库设计时用的工程集水面积 110.7 km²；河长和河道比降采用本次复核结果，见表 2-5。

表 2-5　所略水库流域特征参数

项目	集雨面积 （km²）	主河道长度 （km）	河道加权平均坡降 （‰）
原设计	110.7		
安全鉴定（2008 年）	111.3	31.5	6.5
本次复核	110.9	31.5	6.5
采用成果	110.7	31.5	6.5

2.4.2 历次设计洪水计算成果

1985 年 7 月编制的《所略水库梯级电站初步设计书》和 2008 年 9 月编制的《所略水库大坝安全评价报告》中水文计算成果见表 2-6。

表 2-6　历年设计洪水成果

历次成果	洪峰流量（m³/s）		洪量（万 m³）		最大泄量（m³/s）		最高水位（m）	
	0.2%	2%	0.2%	2%	0.2%	2%	0.2%	2%
1985 年初设	1 880	1 260	4 560	2 970	1 493	928	586.02	584.50
2008 年安全鉴定	1 780	1 120	4 361	2 974	1 371	855	585.71	584.27

2.4.3 本次设计洪水计算

工程流域内无水文测站，缺乏实测水文资料，设计洪水拟用设计暴雨来推求。

2.4.3.1 设计依据

本次洪水复核计算,充分利用实测资料,严格按照《水利水电工程设计洪水计算规范》(SL 44—2006)、《水利水电工程水文计算规范》(SL 278—2002)及有关规定进行。

2.4.3.2 计算方法

设计洪水采用综合瞬时单位线法、推理公式法和地区经验公式法三种方法计算,公式如下。

1. 瞬时单位线法

$$\mu(o,t) = \frac{1}{K\Gamma(n)} \left(\frac{t}{K}\right)^{n-1} e^{\frac{-t}{K}} \qquad (2\text{-}2)$$

式中:μ 为 t 时刻瞬时单位线纵高;Γ 为伽马函数;n 为相当于线性水库的个数(调节次数或调节系数);K 为水库型线性蓄泄方程的汇流历时,反映流域汇流时间参数或调蓄系数);e 为自然对数的底;t 为时刻。

参数 n、K 采用矩法及优选法确定。

2. 推理公式法

全面汇流时

$$Q_{\mathrm{m}} = 0.278F \frac{h_\tau}{\tau} \qquad (2\text{-}3)$$

部分汇流时

$$Q_{\mathrm{m}} = \left(\frac{0.278L}{mJ^{1/3}\tau}\right)^4 \qquad (2\text{-}4)$$

$$\tau = \frac{0.278L}{mJ^{1/3}Q_{\mathrm{m}}^{1/4}} \qquad (2\text{-}5)$$

式中:Q_{m} 为洪峰流量,m³/s;h_τ 为单一洪峰的净雨和相应于 τ 时段的最大净雨,mm;F 为集雨面积,km²;τ 为流域汇流时间,h;L 为主河道河长,km;J 为主河道坡降;m 为汇流参数,根据水库流域地形、植被情况确定。

3. 地区经验公式法

根据《广西水文图集》(1975 年版),本工程地点属于水文分区中的第 1 区,可利用该水文分区中的计算公式计算各种频率的洪峰流量。

计算公式如下:

$$Q_P = aF^b H^c J^d \qquad (2\text{-}6)$$

式中:a、b、c、d,查《广西水文图集》取值。

2.4.3.3 设计暴雨计算

所略水库未设立雨量观测站,故采用巴马气象站实测降水资料,建立水文系列由实测降水资料推求设计暴雨。同时,采用《广西暴雨径流查算图表》(广西水文站,1984 年)(简称《查算图表》)等值线图方法计算设计暴雨,加以对比确定本工程流域设计暴雨。

1. 巴马气象站

根据巴马气象站 1980~2010 年共 31 年实测暴雨资料,建立最大 1 h 暴雨量、最大 6 h 暴雨量、最大 24 h 暴雨量 3 个样本系列,进行频率分析计算得到不同历时的设计点雨量均值、变差系数 C_v 和离差系数 C_s，用 P–Ⅲ型曲线拟合适线，最后推求得理论频率曲线参数。各历时点设计暴雨成果见表2-7及图2-2~图2-4。

表2-7 巴马气象站和等值线图查算各历时点设计暴雨频率计算成果

项目	暴雨历时（h）	均值（mm）	C_v	C_s/C_v	不同频率（%）降水量（mm）				
					0.2	0.33	2	3.33	5
巴马气象站	1	61	0.31	3.5	140.2	133.6	109.8	102.7	96.8
	6	107	0.45	3.5	335.8	314.6	240.4	219.2	201.3
	24	137	0.36	3.5	353.6	334.3	267.7	248.2	231.7
等值线图查算（采用）	1	58	0.40	3.5	164.0	154.0	121.0	111.0	103.0
	6	108	0.45	3.5	339.0	319.0	243.0	221.0	203.0
	24	150	0.45	3.5	471.0	443.0	338.0	308.0	282.0

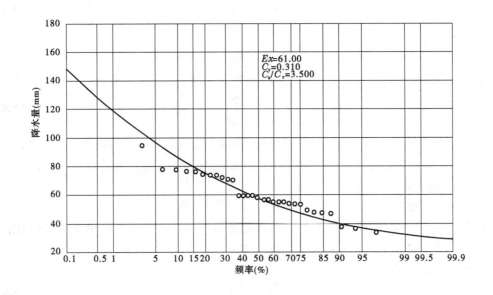

图2-2 巴马气象站最大1 h暴雨频率曲线

2. 等值线图查算

查等值线图，根据工程流域中心，从1 h、6 h、24 h的均值 $\overline{H}$、变差系数 C_v 等值线图查出相应历时的 $\overline{H}$、C_v 值，参照广西降水量 C_s/C_v 值，然后查模比系数 K_P，从而计算得各历时相应频率设计暴雨。频率计算成果见表2-7。

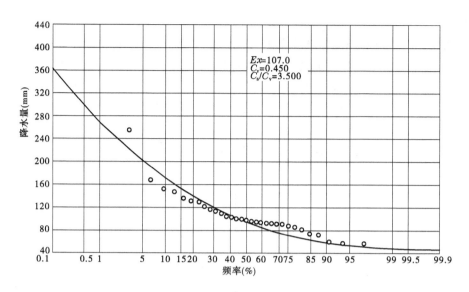

图 2-3 巴马气象站最大 6 h 暴雨频率曲线

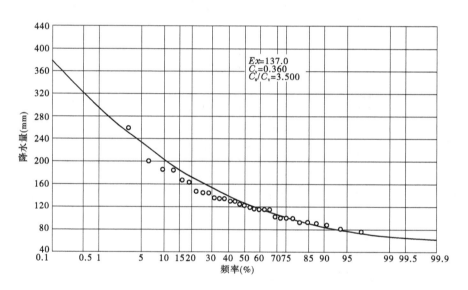

图 2-4 巴马气象站最大 24 h 暴雨频率曲线

3.设计暴雨合理性分析

根据表 2-7,查等值线图得到的值比巴马气象站的偏大。参考《巴马瑶族自治县所略水库大坝安全评价报告》(广西水利电力勘测设计研究院,2008 年 9 月):"从 24 h 降雨量等值线图上看,在凌云县加尤乡青龙山(海拔 1 498 m)南麓附近有一个相对周边地区降雨量稍大的降雨中心,工程流域中心距巴马县城 24 km,更为靠近此降雨中心",说明查图成果可靠,故本次复核采用查等值线图的设计暴雨成果。

4.设计面雨量

因工程流域面积超过 100 km²,故时段 Δt 选用 1 h,且需计算面雨量。流域无暴雨中心出现,点面折减系数 α 取上限值 1.0,点雨量乘以点面折减系数 α,即可求得面雨·

5. 设计雨型

通过 1 h、6 h、24 h 面雨量计算暴雨指数 n 值,接着由 n 值计算 2~5 h 及 7~23 h 小时面雨量,然后计算出 1 h 面雨量(相邻两时段雨量之差),再根据所略水库工程地点查雨型分区图和查广西分区综合 24 h 雨型表,最后得 1 h 雨量过程(设计雨型)。

根据所略水库工程地点查雨型分区图属第 3 区,再查广西分区综合 24 h 雨型表。设计暴雨过程见表 2-8。

表 2-8　所略水库设计暴雨计算成果

时段(h)	不同频率设计暴雨(mm)				
	0.2%	0.33%	2%	3.33%	5%
1	4.7	4.4	3.4	3.1	2.8
2	4.9	4.6	3.5	3.2	2.9
3	5.1	4.8	3.6	3.3	3.0
4	5.2	4.9	3.8	3.4	3.1
5	5.4	5.1	3.9	3.6	3.3
6	5.7	5.3	4.1	3.7	3.4
7	5.9	5.6	4.2	3.9	3.5
8	6.2	5.8	4.4	4.0	3.7
9	6.5	6.1	4.7	4.2	3.9
10	6.8	6.4	4.9	4.5	4.1
11	7.2	6.8	5.2	4.7	4.3
12	7.7	7.2	5.5	5.0	4.6
13	163.6	154.3	120.6	110.9	103.2
14	53.3	50.0	37.5	34.0	30.9
15	38.9	36.4	27.2	24.5	22.2
16	31.8	29.7	22.1	19.9	18.0
17	27.3	25.6	18.9	17.0	15.3
18	24.3	22.7	16.7	15.1	13.5
19	12.6	11.9	9.0	8.2	7.6
20	11.3	10.6	8.1	7.4	6.8
21	10.3	9.7	7.4	6.7	6.2
22	9.4	8.9	6.8	6.2	5.7
23	8.7	8.2	6.3	5.7	5.2
24	8.2	7.7	5.8	5.3	4.9

2.4.3.4　产流计算

产流计算采用初损后损法,计算步骤分初损和后损两步。

1. 初损雨量过程

根据所略水库工程地点查产流分区图属第 5 区,从降雨径流相关特征参数综合表得 $W_m = 80$ mm,则初始蓄水量 $W_0 = 0.7$,$W_m = 56$ mm,再查第 5 区降雨径流关系图,按 45° 外延求得 $R_{总}$,求出 I_0,最后从设计暴雨过程前面时段中扣除 I_0 后,求得扣除初损后雨量过程。

2. 后损雨量过程

根据所略水库流域特征及下垫面情况,查编制说明表八,选定产流期平均入渗率 $\bar{f}$ 和稳定入渗率 μ,$\bar{f}$ 为 8 mm/h,μ 为 3 mm/h。如果雨强小于 $\bar{f}$ 或 μ,取产流期平均入渗率或稳定入渗强值;如果雨强大于 $\bar{f}$ 或 μ,则产流期平均入渗率取 $\bar{f}$ 或 μ。

瞬时单位线法净雨成果见表 2-9,推理公式法净雨成果见表 2-10。

表 2-9　所略水库设计暴雨计算成果(瞬时单位线法)

时段(h)	不同频率设计暴雨(mm)				
	0.2%	0.33%	2%	3.33%	5%
1					
2					
3					
4					
5	0				
6	0	0			
7	0	0	0		
8	0	0	0	0	0
9	0	0	0	0	0
10	0	0	0	0	0
11	0	0	0	0	0
12	0	0	0	0	0
13	156	146	113	103	95
14	45	42	30	26	23
15	31	28	19	17	14
16	24	22	14	12	10
17	19	18	11	9	7
18	16	15	9	7	6
19	5	4	1	0	0
20	3	3	0	0	0
21	2	2	0	0	0
22	1	1	0	0	0
23	1	0	0	0	0
24	0	0	0	0	0

表 2-10　所略水库设计暴雨计算成果（推理公式法）

时段（h）	不同频率设计暴雨（mm）				
	0.2%	0.33%	2%	3.33%	5%
1					
2					
3					
4					
5	0				
6	3	2			
7	3	3	0		
8	3	3	1	1	0
9	3	3	2	1	1
10	4	3	2	1	1
11	4	4	2	2	1
12	5	4	2	2	2
13	161	151	118	108	100
14	50	47	35	31	28
15	36	33	24	22	19
16	29	27	19	17	15
17	24	23	16	14	12
18	21	20	14	12	11
19	10	9	6	5	5
20	8	8	5	4	4
21	7	7	4	4	3
22	6	6	4	3	3
23	6	5	3	3	2
24	5	5	3	2	2

2.4.3.5　汇流计算

汇流计算采用瞬时单位线法和推理公式法。

1. 瞬时单位线法

查汇流分区图，所略水库工程地点属 3 区。由编制说明表十三和表十四查得 $m_{1稳}$，再由流域特征参数计算 n，由 $m_{1稳}$ 和 n 计算确定 K 值，最后根据 $m_{1稳}$、n 和 K 的值查 $S(t)$ 曲线表进行汇流计算。

2.推理公式法

根据所略水库区域情况,查编制说明表十七,选择Ⅲ,即汇流参数 $m = 0.130\theta^{0.581} = 0.130 \times 52.0^{0.581} = 1.3$。

根据所略水库前面的产流分析,可确定为全面汇流。洪峰流量的计算采用图解法,计算成果见图2-5～图2-10。洪水过程线采用三角形过程线法,即将净雨分为数段,分别求出各段净雨产生的三角形过程线,按时序相加即得所略水库流域出口处的设计地面径流过程线。

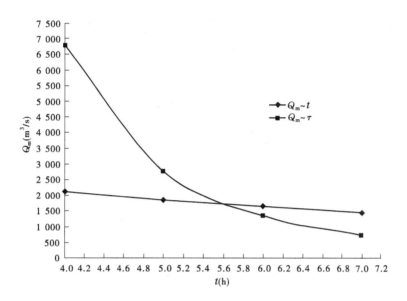

图2-5 $P = 0.2\%$ 时 $Q_m \sim t$、$Q_m \sim \tau$ 相关图(推理公式法)

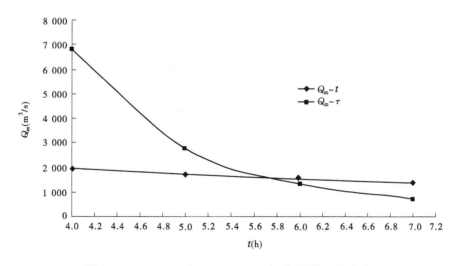

图2-6 $P = 0.33\%$ 时 $Q_m \sim t$、$Q_m \sim \tau$ 相关图(推理公式法)

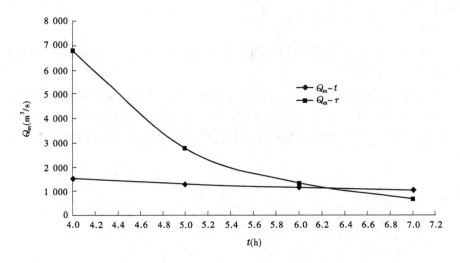

图 2-7　$P=2\%$ 时 $Q_m \sim t$、$Q_m \sim \tau$ 相关图（推理公式法）

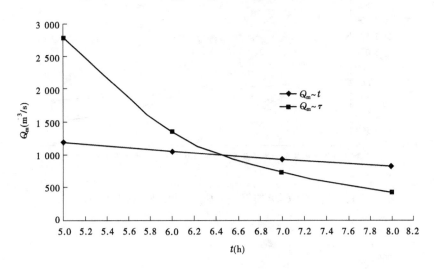

图 2-8　$P=3.3\%$ 时 $Q_m \sim t$、$Q_m \sim \tau$ 相关图（推理公式法）

设计洪峰流量计算成果见表 2-11，设计洪水计算过程见图 2-11。

表 2-11　所略水库坝址洪峰流量计算成果

计算方法	不同频率设计洪峰流量（m³/s）					说明
	0.2%	0.33%	2%	3.33%	5%	
瞬时单位线法	1 617	1 515	1 137	1 029	940	
推理公式法	1 811	1 578	1 142	1 011	898	采用

2.4.3.6　设计洪水成果合理性分析

1. 设计洪水计算

各种参数的查算使用广西壮族自治区水文总站 1984 年编著的《广西暴雨径流查算图

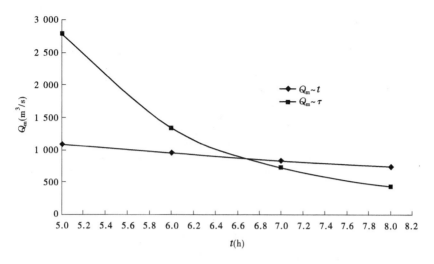

图 2-9　$P = 5\%$ 时 $Q_{\mathrm{m}} \sim t$、$Q_{\mathrm{m}} \sim \tau$ 相关图(推理公式法)

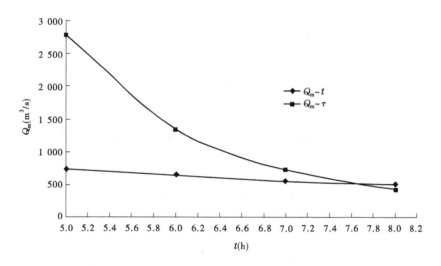

图 2-10　$P = 20\%$ 时 $Q_{\mathrm{m}} \sim t$、$Q_{\mathrm{m}} \sim \tau$ 相关图(推理公式法)

表》,该图表经全国验收,符合全国雨洪办的验收标准。瞬时单位线法和推理公式法两种方法计算成果比较接近,相互印证,说明成果可靠。

2. 与邻近流域相比

所略水库下游 90 km 设灵岐河水文控制站——百林水文站,水库北面 52 km 建有凤山县乔音水库。

百林水文站在灵岐河下游,距红水河古龙河口纺 32 km,控制流域面积 1 650 km²。二者流域面积相差较大,流域特征也有较大差别,百林水文站控制流域内岩溶相对比较发育,因此设计洪水洪峰模数相差较大。乔音水库流域与所略水库流域特征相似,流域面积接近,设计洪水洪峰模数(见表 2-12)比较接近,说明本次计算成果合理。

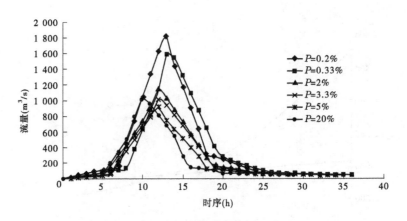

图 2-11 所略水库坝址洪水过程（推理公式法）

表 2-12 设计洪水洪峰模数对比

项目	流域面积（km²）	洪峰模数		说明
		$P=0.2\%$	$P=2\%$	
所略水库	110.7	70.14/78.53	49.31/49.55	瞬时单位线/推理公式法
乔音水库	92.6	67.72	47.39	
百林水文站	1 650	33.47	16.7	流域内岩溶较发育

3. 与原设计成果比较

本次复核洪水成果比原设计成果和鉴定报告中的成果均偏大（见表 2-13、表 2-14），主要是本次复核计算的设计暴雨比原设计偏大造成的，且本次复核成果使用新版等值线图计算，比 1985 年设计时增加了近 20 年的资料系列，设计成果更具代表性。

表 2-13 历次和本次设计洪水成果汇总（瞬时单位线）

设计阶段		频率（%）				
		0.2	0.33	2	3.3	5
1985 年设计	24 h 设计暴雨（mm）	—	—	—	—	—
	洪峰（m³/s）	—	—	—	—	—
	洪量（万 m³）	—	—	—	—	—
上次安全鉴定	24 h 设计暴雨（mm）	—	—	—	—	—
	洪峰（m³/s）	1 700	1 590	1 200	1 110	—
	洪量（万 m³）	3 785	3 623	2 651	2 213	—
本次复核	24 h 设计暴雨（mm）	471	443	338	308	282
	洪峰（m³/s）	1 617	1 515	1 137	1 029	940
	洪量（万 m³）	3 700	3 422	2 449	2 170	1 956

表 2-14　历次和本次设计洪水成果汇总（推理公式法）

设计阶段		频率（%）					
		0.2	0.33	2	3.3	5	20
1985 年设计	24 h 设计暴雨（mm）	505	—	350	—	—	—
	洪峰（m³/s）	1 880	—	1 260	—	1 060	—
	洪量（万 m³）	4 560	—	2 970	—	2 580	—
上次安全鉴定	24 h 设计暴雨（mm）	442	—	315	291	—	—
	洪峰（m³/s）	1 780	1 640	1 120	1 010	—	—
	洪量（万 m³）	4 361	4 045	2 974	2 717	—	—
本次复核（采用）	24 h 设计暴雨（mm）	471	443	338	308	282	197
	洪峰（m³/s）	1 811	1 578	1 142	1 011	898	525
	洪量（万 m³）	4 788	4 321	3 250	2 922	2 696	1 672

综上所述,本次使用的《广西暴雨统计参数等值线图集》（2001 年版）资料系列长度比 1985 年设计使用资料系列长度增加了将近 20 年实测资料,代表性更好。推求的坝址洪峰模数与附近水文站洪峰模数对比,符合一般水文规律,采用设计暴雨按两种方法计算的设计洪水成果接近,表明本次复核成果可靠。考虑所略水库洪水汇流时间较短,本次复核推荐采用偏不利的推理公式法计算成果。

2.4.3.7　设计洪水过程线成果

根据以上分析,确定设计洪水采用推理公式法计算成果,设计洪水过程线见图 2-11。

2.5　分期洪水

按设计洪水计算结果比较后拟定推理公式法为依据,分期洪水亦采用推理公式法。

根据《水利水电工程等级划分及洪水标准》（SL 252—2017）,3 级临时性水工建筑物的设计洪水标准采用 10 年一遇,设计洪水过程见表 2-15、图 2-12。

表 2-15　所略水库 $P = 10\%$ 设计洪水过程线（推理公式法）

时序（h）	流量（m³/s）	时序（h）	流量（m³/s）
0	2.00	7	509
1	8.52	8	607
2	15.0	9	716
3	114	10	637
4	212	11	549
5	311	12	461
6	410	13	373

时序(h)	流量(m³/s)	时序(h)	流量(m³/s)
14	285	23	61.7
15	197	24	58.6
16	92.0	25	55.5
17	88.0	26	52.4
18	83.0	27	49.2
19	78.0	28	46.1
20	73.1	29	43.0
21	67.6	30	39.9
22	64.8	31	36.5

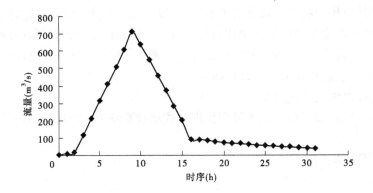

图 2-12　所略水库 $P=10\%$ 设计洪水过程线（推理公式法）

2.6　水情自动测报系统

所略水库自建成以来,一直实施人工观测坝前水位,每日上午 9 时以前做好大坝水位的测量工作,并将水位汇报调度。未建立水情自动测报系统,未有雨量站,无法进行水情预报。

本次拟建立所略水库水情自动测报系统,以及时了解流域内水情、雨情变化,通过水情测报系统做出水文预报,为供水、发电调度提供科学依据,实现来水量、供水量自动化监测,为合理利用水资源提供基础数据。

测报系统的范围为水库大坝及坝址流域。设置雨量站 2 个,其中坝上雨量站 1 个,库尾那社乡那勒村设遥测雨量站 1 个。为考虑雨量采集值具有良好的代表性以及便于维护与管理,雨量站建设采用法拉第桶安装方式。雨量传感器采用翻斗式雨量计,雨量分辨率为 0.5 mm。传感器实时监视各站点的降雨过程。当降雨采到 0.5 mm 后引起翻斗翻动产生一个信号,终端机随之将信号传给中心站前置机,前置机将数据处理之后即可显示时段降雨量,在中心站软件中还可显示时段雨量棒图、时段雨量累计曲线图等。

设置库区遥测水位站 1 个,全面监测上游流域内来水量,并及时提供水库水位。水位传感性选用浮子式传感器,分辨率为 1 cm,水位测井采用 200PVC 管做成,传感器按设定的采样周期自动采集水位数据(汛期为 2 h,枯期为 8 h),然后将数据发送到分中心站以及中心站,软件将数据处理之后即可在界面上显示水库当前水位、当前蓄水位以及时段水位变化过程线等。

在巴马县电业公司设置中心站 1 个,在所略水库管理处设分中心站 1 个,系统的规模为 1∶1∶3,即 1 个中心站,1 个分中心站,3 个遥测站,所有遥测站的水情信息和工情信息都要传到水库管理处以及县电业公司。

计算机及网络系统以水库管理中心为核心建立一中心管理局域网,由信息采集系统、信息处理查询系统、数据库及其管理系统 3 个子系统组成。由各遥测站采集数据实时传输到中心站,CTU 接收后将信息传输给数据服务器。调度分析工作站通过应用软件系统对数据进行分析处理,形成调度方案,供管理机构决策。

因本系统对通信的可靠性及畅通率的要求较高,本次拟采用程控电话通信,另可以短波通信作为备用补充。

初步估算本系统的投资为 61.98 万元,投资估算见表 2-16。

表 2-16　水情测报系统投资估算　　　　　(单位:万元)

序号	工程或费用名称	建安工程费	设备购置费	其他费用	合计
1	建筑工程	4.96			4.96
2	机电设备及安装工程		22.32		22.32
3	金属结构制作及安装工程	11.65			11.65
4	软件开发费用			14	14
5	其他费用			9.05	9.05
	总费用	16.61	22.32	23.05	61.98

2.7　所略水库水质情况

为了解所略水库的水质状况,巴马县水利局 2008～2010 年委托巴马县疾病预防控制中心对水库水质进行了连续取样检测,监测项目按《地表水环境质量标准》(GB 3838—2002)中所列项目进行。检测项目共 15 个,包括 pH 值、氨氮、铜、锌、氟化物、砷、铬、铅、氰化物、粪大肠菌群、硫酸盐、氯化物、硝酸盐、铁、锰,具体指标见表 2-17,成果见水质检测报告(见图 2-13～图 2-15)。

表 2-17　所略水库坝址处水质检测成果表

序号	监测项目	单位	水样	《地表水环境质量标准》 （GB 3838—2002）
1	pH 值	无量纲	7.00	6.0~9.0
2	氯化物	mg/L	<1.0	250
3	硫酸盐	mg/L	<5	250
4	粪大肠菌群	个/L	36	200
5	氟化物	mg/L	<0.1	≤1.0
6	硝酸盐（以 N 计）	mg/L	<0.2	10
7	氰化物	mg/L	<0.002	≤0.005
8	六价铬	mg/L	<0.004	≤0.01
9	铜	mg/L	<0.01	≤0.01
10	锌	mg/L	<0.05	≤0.05
11	铁	mg/L	0.06	≤0.3
12	锰	mg/L	<0.05	≤0.1
13	铅	mg/L	<0.01	≤0.01
14	氨氮（以 N 计）	mg/L	<0.02	≤0.15
15	砷	mg/L	<0.01	≤0.05

由表 2-17 可知：在检测的 15 个项目中，所有项目均达到《地表水环境质量标准》（GB 3838—2002）Ⅰ类的要求，所略水库坝段水质总体较好，符合供水水源的水质要求。

为对水源水质进行动态监测与记录，掌握第一手水源水质资料，拟设置 4 座水质自动监测分析系统，其中 1 套设在所略水库库尾的那社乡，1 套设在所略水库大坝取水口，1 套设在二级电站前池，1 套设在巴定水库取水口，总控室设在水厂，从而实现对水源水质的实时动态监测与分析。另外，每季度或每半年将由县疾病预防控制中心对水源水质进行取样化验，与自动监测系统进行对比分析，保证系统的良好工作状态。

巴马瑶族自治县疾病预防控制中心

检验报告单

样品受理编号：环2009002

样品编号	水样名称	水源类别	样品包装及数量	采样时间	送检时间	检验类别
2	生活饮用水水源水	水库水	1. 灭菌瓶0.5 L 2. 塑料壶2.5 L×3	2009.3.1	2009.3.1	委托检验

受检单位：巴马县水利电力局　　　　　　　　受检单位地址：巴马县新建路

采样地点：巴马县所略水库　　　　　　　　　采样单位：巴马县疾病预防控制中心

检验依据：GB/T 5750—2006　　　　　　　　检验日期：2009年3月1日至3月15日

检验项目及结果

检验项目	结果	检验项目	结果
pH值	7.00	硫酸盐(mg/L)	<5
氨氮（以N计）/(mg/L)	<0.02	氯化物(mg/L)	<1.0
铜(mg/L)	<0.01	硝酸盐(以N计)(mg/L)	<0.2
锌(mg/L)	<0.05	铁(mg/L)	<0.05
氟化物(mg/L)	<0.1	锰(mg/L)	<0.05
砷(mg/L)	<0.01		
铬(六价)(mg/L)	<0.004		
铅（mg/L）	<0.01		
氰化物（mg/L）	<0.002		
粪大肠菌群(MPN/100 mL)	14		

结论：

该水样所检项目结果符合《地表水环境质量标准》（GB 3838—2002）Ⅰ类水质的规定

（以下空白）

检验人：黄兴武　　　　　　　　　审核人：夏春烈

签发人：林承显　　2009 年 3月16日

第1页/共1页

图 2-13　水质检测报告（一）

巴马瑶族自治县疾病预防控制中心

检验报告单

样品受理编号：环2010009

样品编号	水样名称	水源类别	样品包装及数量	采样时间	送检时间	检验类别
2	生活饮用水水源水	水库水	1. 灭菌瓶0.5 L 2. 塑料壶2.5 L×3	2010.6.28	2010.6.28	委托检验

受检单位：巴马县水利电力局　　　　　　　受检单位地址：巴马县新建路

采样地点：巴马县所略水库　　　　　　　　采样单位：巴马县疾病预防控制中心

检验依据：GB/T 5750—2006　　　　　　　检验日期：2010年6月28日至7月15日

检验项目及结果

检验项目	结果	检验项目	结果
pH值	7.00	硫酸盐(mg/L)	<5
氨氮（以N计）/（mg/L）	<0.02	氯化物(mg/L)	<1.0
铜(mg/L)	<0.01	硝酸盐(以N计)(mg/L)	<0.2
锌(mg/L)	<0.05	铁(mg/L)	0.06
氰化物(mg/L)	<0.1	锰(mg/L)	<0.05
砷(mg/L)	<0.01		
铬(六价)(mg/L)	<0.004		
铅（mg/L）	<0.01		
氰化物（mg/L）	<0.002		
粪大肠菌群(MPN/100 mL)	36		

结论：

　　该水样所检项目结果符合《地表水环境质量标准》（GB 3838—2002）I 类水质的规定。

　　（以下空白）

检验人：黄兴武　　　　　　　　　　　　　审核人：真春照

签发人：林猴　　2010 年7月16日　　　　　检验单位公章

第1页/共1页

图 2-14　水质检测报告（二）

检验报告单

样品受理编号：环2011016

样品编号	水样名称	水源类别	样品包装及数量	采样时间	送检时间	检验类别
1	生活饮用水水源水	水库水	1.灭菌瓶0.5 L 2.塑料壶2.5 L×3	2011.6.18	2011.6.18	委托检验

受检单位：巴马县水利电力局　　　　　　　　受检单位地址：巴马县新建路

采样地点：巴马县所略水库　　　　　　　　　采样单位：巴马县疾病预防控制中心

检验依据：GB/T 5750—2006　　　　　　　　检验日期：2011年6月18日至6月30日

检验项目及结果

检验项目	结果	检验项目	结果
pH值	7.01	硫酸盐(mg/L)	<5
氨氮（以N计）/（mg/L)	<0.02	氯化物(mg/L)	1.0
铜(mg/L)	<0.01	硝酸盐(以N计)(mg/L)	<0.2
锌(mg/L)	<0.05	铁(mg/L)	0.05
氟化物(mg/L)	<0.1	锰(mg/L)	<0.05
砷(mg/L)	<0.01		
铬（六价)(mg/L)	<0.004		
铅（mg/L)	<0.01		
氰化物（mg/L)	<0.002		
粪大肠菌群(MPN/100 mL)	33		

结论：

　　该水样所检项目结果符合《地表水环境质量标准》（GB 3838—2002）Ⅰ类水质的规定。

　　（以下空白）

检验人：　　　　　　　　　　　　　　　审核人：

签发人：　　　　2011 年 7 月 1 日　　　　检验单位公章

第1页/共1页

图 2-15　水质检测报告（三）

第 3 章 地　质

3.1　概　述

本工程范围较大,涉及 2 座水库(所略水库、巴定水库)、三段渠道,类型各异,既有新建、改造渠道,也有水库扩容,因此将对涉及的工程地质状况分别论述。

所略水库为中型水库,位于所略乡境内的灵奇河源头坤屯河上,在坤屯村上游 600 m 河段处,距离巴马县城 33 km,工程于 1987 年开工,1996 年拱坝建成,但相关附属设施与系统尚未完建。所略水库在设计阶段(1972~1985 年)先后进行了 3 次勘探,对坝址及库区进行了详细勘查。2008 年广西壮族自治区水利电力勘测设计研究院在做水库大坝安全评价时,再次对坝基、坝肩以及近坝库岸工程地质进行了地质调查测绘及岩芯钻探,地勘成果全面完整,本次所略水库扩容工程的枢纽部分地质采用该成果。

巴定水库为小(1)型水库,大坝为均质土坝,位于巴马镇巴定村内,距离巴马县城 20 km,工程始建于 1975 年 9 月,于 1977 年 6 月竣工,2009 年 8 月工程除险加固施工完毕,至今运转良好。现巴定水库已是巴马水厂的供水水源之一,本次将其作为中转水库,利用其已有的输水渠道,维持现状,不做新的工程措施。

从所略水库放水口至二级电站前池的输水渠道为现状已有的发电总干渠道,该段渠道大部分为隧洞,穿山而行,在原设计时已对其进行了详细的地质勘探,本次采用该成果。

从巴定水库至巴马水厂的输水渠道为已建成并运用多年渠道,该段渠道以渡槽为主,辅以明渠和隧洞,原工程主要是由当地各个民兵营及民工于 20 世纪 70 年代修建而成的,工程的运行维护主要由巴马水厂负责。由于该渠段运行多年且主要以渡槽为主,故拟在下阶段工作中再对其进行详细的地勘调查。

从二级电站前池至巴定水库的输水管道为新建渠道,工程沿线是连绵起伏的中低山区,本次按可行性研究阶段的技术要求对其进行了测量钻探。勘测外业工作于 2010 年 9 月 9 日进场,至 2010 年 9 月 19 日结束,完成的主要勘测工作量见表 3-1。

表 3-1　勘测外业工作量

专业	序号	工作内容	单位	工作量
地质	1	平面测绘(1:1 000)	km²	2.0
	2	纵剖面测绘(1:2 000)	km	7.3
	3	横剖面测绘(1:500)	km	1.4
	4	土料场(1:10 000)	km²	5.0

专业	序号	工作内容	单位	工作量
测量	5	GPS 点	个	—
	6	1:1 000 地形图	km²	2.0
钻探	7	勘探钻孔	m/个	187/6
		坑探	m/个	—
试验	8	原状土样试验	组	—
		室内岩石试验	组	6

3.2 区域地质概况

3.2.1 地形地貌

3.2.1.1 所略水库

库区位于坤屯河两岸六恒、定洋、那勒之间,属那勒向斜轴部,地势北西高、南东低,以中低山构造剥蚀地貌为主,山体连绵起伏,山顶高程 750 ~ 1 020 m,相对高差 250 ~ 500 m。库区无低洼拗口,与邻谷之间的分水岭厚度 2 ~ 5 km,坤屯河自北向南流经坝区,在下游汇入六能暗河。

3.2.1.2 工程沿线

输水渠道沿线大部分地段是沿半山坡分布,仅局部地段沿山脊分布,工程沿线为中低山构造剥蚀地貌,河谷呈开阔的 V 字形,山体坡度较缓,地表坡度为 20° ~ 40°,两岸大多为第四系残积层覆盖。

3.2.2 地层岩性

在测区范围内,主要有石炭系、二叠系、三叠系及第四系地层分布,地层从老到新简述如下。

3.2.2.1 石炭系(C)

下统大塘阶(C_1d):岩性为灰岩、白云岩、硅质岩互层,分布于测区六能暗河进口以南。

中统(C_2):厚层细晶灰岩、白云岩、白云质灰岩,分布于测区六能暗河进口以南以及东部甲篆一带。

上统(C_3):灰岩夹硅质岩及白云质灰岩,分布于测区六能暗河进口以及东部甲篆一带。

3.2.2.2 二叠系(P)

下统栖霞阶(P_1q):深灰色中厚层灰岩、薄层粉砂岩夹硅质岩,分布于测区六能暗河进口以南以及东部甲篆一带。

下统茅口阶(P_1m)：厚层灰岩夹硅质岩、白云岩，分布于测区六能暗河进口以南以及东部甲篆一带、北部那甘以北。

上统(P_2)：薄层硅质岩夹硅质页岩、页岩，分布于测区东部甲篆一带。

3.2.2.3 三叠系(T)

下统罗楼群(T_1l)：泥岩、页岩、粉砂岩夹硅质岩及锰土层，分布于测区东部甲篆一带以及北部。

中统百逢组下段(T_2b^1)：泥岩、粉砂岩、页岩、细砂岩，分布于测区中部大部分地区。

中统百逢组上段(T_2b^2)：细砂岩、粉砂岩、泥岩、石英砂岩，分布于所略坝址一带以及北西部。

3.2.2.4 第四系(Q)

残积层(Q^{el+dl})：粉质黏土、黏土、碎石土，厚度 $1\sim7$ m，普遍分布于山体表层。

冲积层(Q^{pl+al})：砂、砾石、卵石，厚度 $2\sim5$ m，分布于河流、河谷内。

3.2.3 地质构造

测区位于广西山字形构造前弧西翼中段西侧，次一级构造主体是北西向构造和旋卷构造。三叠纪末期，印支运动影响全区，区内受北东—南西方向构造应力作用强烈，因而形成了一系列北西—南东方向褶皱和断裂。在区域上主干褶皱有西山背斜、龙田穹窿、月里向斜及那勤向斜；主干断裂为巴马断裂带(甲篆—罗楼断裂)、所略—燕洞断裂带及其环状断裂，测区为那勤向斜的一部分，轴部为三叠系地层，两翼为二叠系地层，两者以断层相接触。

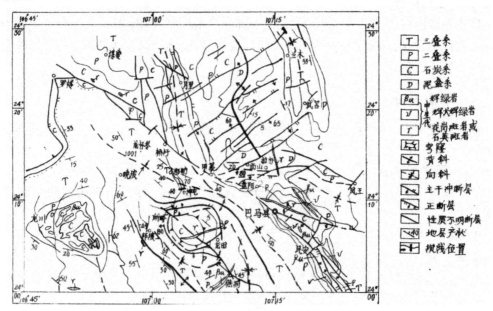

图 3-1 巴马所略水库区域构造地质图(1:50 万)

在测区，新构造运动也较明显，其表现是地壳短暂间歇性上升。河流急速下切，发育有三组级不十分明显阶地。其中，Ⅰ级、Ⅱ级阶地为基座阶地，分别高出河面 $1\sim3$ m 及

5～15 m;最老的第Ⅲ级阶地为侵蚀阶地,高出河面30 m以上,但是分布局限。

测区无活动性断裂及发震断裂通过,测区及周边地区百年以来未发生过破坏性地震。根据《中国地震动参数区划图》(GB 18306—2001)的划分,测区地震动峰值加速度为0.05g,相应地震基本烈度值为Ⅵ度,区域稳定性好。

3.2.4 水文地质

测区所在是降水量比较集中地带之一,年均降水量1 560 mm左右,地表水流及地下水主要靠大气降水补给。在岩溶区,大气降水沿着岩溶洼地、槽谷之漏斗、落水洞消入地下,暗河发育,水文地质条件较为复杂。在非溶岩区,大气降水以地表径流为主,只有少量沿着基岩风化裂隙带缓慢渗入地下,故地下径流微弱。地下水埋藏深度不大,一般为15～30 m,主要为基岩裂隙水及岩溶裂隙溶洞水两类。

3.2.4.1 含水量

测区内广泛分布的三叠系细碎屑岩和泥质岩类,是非溶岩层,含基岩裂隙水,透水性弱,新鲜岩石接近于零,可视为隔水层或相对隔水层。各级阶地及坡残积层为第四系松散沉积层,含孔隙水,透水性强,但由于河谷狭窄,阶地分布零星,地下水对工程无甚影响。

3.2.4.2 水质特征

区内植被茂盛、固体径流小,仅在降水期间,流水才挟带着悬浮物质而呈混浊状,但雨后一两天又很快转晴了。本区地下水质类型为重碳酸—钙水,pH值为7.3,总硬度3.75度。

3.2.4.3 地下水动力条件

本区地下水总的运动方向是从河谷两岸冲沟以下降泉形式流向河流。地下水位由分水岭往河谷逐渐递减。地下水位年变幅不大,从数米至10余m。

3.3 工程区地质条件

3.3.1 所略水库枢纽工程地质条件

3.3.1.1 地形地貌

工程区为中低山构造剥蚀地貌,河谷呈开阔对称的V字形,两岸坡度30°～45°,河流流向自北向南,河床顺直,河床高程524.62～528.51 m,右岸下游厂房后为一冲沟,切割较深。两岸大多为第四系残积层覆盖,坝址一带建坝时开挖揭露岩体。

3.3.1.2 地层岩性

枢纽建筑区主要出露三叠系中统百逢组上段(T_2b^2)第3～8层以及第四系残积层、冲积层。简述如下。

1.三叠系中统百逢组上段

第3层(T_2b^{2-3}):厚层泥岩夹少量薄层石英细砂岩,分布在发电厂房下游。

第4层(T_2b^{2-4}):厚层石英细砂岩夹少量泥岩,分布于厂房一带。

第 5 层(T_2b^{2-5}):中厚层泥岩夹薄层石英砂岩、粉砂岩,分布在坝下游至厂房之间。

第 6 层(T_2b^{2-6}):中~厚层石英细砂岩、粉砂岩与薄层泥岩不等厚互层,分布于坝基、右坝肩以及左坝肩下游,大坝大部分设置于该层上。

第 7 层(T_2b^{2-7}):深灰色中厚层粉砂岩夹泥岩、细砂岩,分布于坝基右坝肩上游至左坝肩。

第 8 层(T_2b^{2-8}):深灰色中厚层粉砂层夹薄层泥岩及少量细砂岩,分布于坝址上游。

2. 第四系

残积层(Q^{el}):含碎石粉质黏土,厚度 1~7 m,分布于大部分地段表层。

冲积层(Q^{al}):砂、砾石、卵石,厚度 2~5 m,分布于河床内。

3.3.1.3　地质构造

枢纽工程区地层的单斜构造,岩层走向与河床斜交,交角 65°,倾向上游,倾角 33°~45°,对坝基、坝肩稳定性有利。主要节理走向 10°~20°,倾向北西(右岸偏上游),倾角 70°~86°,为剪节理,断续发育,可见延伸 1.5~7 m,节理间距 0.3~3.5 m,节理缝隙大多闭合~微张。对右坝肩有不利影响,而对左坝肩影响不大。

3.3.1.4　水文地质条件

工程区覆盖层主要为残积成因的粉质黏土,基岩以相对隔水的粉砂岩、泥岩、石英砂岩为主,均为透水性较弱地层。地下水类型以赋存于基岩节理裂隙中的基岩裂隙水为主,其次为松散残积层中的孔隙水。

基岩裂隙水补给来自大气降水,排泄则以下降泉向水库河床排泄,补、径、排区域基本一致。由于节理裂隙大多闭合~微张,且部分为黏性土充填,地层富水性及渗透性均较小,地下水量小。大坝上下游无长流泉,仅右岸冲沟上游出露季节性下降泉,丰水期有水溢出,平水期及枯水期均干枯。孔隙水主要以包气带上层滞水为主,断续赋存于土层孔隙中,水量小,无统一地下水位。

3.3.1.5　岩体风化特征

强风化带:呈灰黄色、黄色,岩体呈碎裂结构,绝大部分岩石变质,质软,局部岩块断口保持新鲜,岩体仍保持原岩结构,但极破碎,沿裂隙局部有黏性土充填。岩体基本质量分级为Ⅳ类。

弱风化带:呈灰色、灰黑色,节理裂隙发育,岩石大体保持新鲜,沿裂隙面呈现灰黄色~黄色,变质严重。岩体破碎,力学强度仍较高,岩体基本质量分级为Ⅲ类。

微风化带:呈灰色~灰黑色,节理裂隙发育,岩石基本保持新鲜,沿裂隙面变质较少。岩体破碎,力学强度较高,岩体基本质量分级为Ⅱ~Ⅲ类。

3.3.1.6　近坝库岸稳定性

水库近坝一带两岸山体坡度 20°~40°,表面覆盖有第四系残积物,根据初步设计报告,除左坝头有一古滑坡体外,库岸不存在坍滑体,水库运行十多年来,库岸未出现新的滑坡、坍塌现象,左坝头的古坍滑体也未出现复活滑动,库岸稳定性总体良好。但修筑乡村公路时左坝头古坍滑体被横向切断,道路上方边坡变陡,可能导致道路以上部分坍滑体失稳,重新滑动,应进行支护或清除。

3.3.1.7 坝基及坝肩工程地质评价

坝基及坝肩地层为三叠系中统百逢组上段第 6 层(T_2b^{2-6})中~厚层石英砂岩、粉砂岩夹泥岩,拱座设在石英砂岩层上;右坝肩为第 7 层(T_2b^{2-7})深灰色中厚层粉砂岩夹泥岩、细砂岩,两者力学性质相差不大。岩层走向 101°~108°,垂直河床,倾向上游,倾角 33°~45°。坝基与坝肩均开挖到弱风化带,坝基岩体工程地质分类为Ⅲ类,岩体坝体与基岩接触带胶结良好,建基面符合设计要求。

左坝肩下游面节理主要有两组:一组走向 15°~25°,倾向 NW,倾角 83°~88°,统计条数 30 条,为剪节理,呈断续发育,可见延伸 0.6~7 m,节理间距 0.3~3.5 m,节理缝隙大多闭合~微张,少量有黏土充填。另一组直向 335°左右,倾向 SW,倾角 62°~66°,统计条数 23 条,剪节理,呈断续发育,可见延伸长度 1.2~5.6 m,节理间距 0.2~2.8 m,节理裂隙闭合~微张。上述两组节理均为高倾角,且断续发育,延伸不远,不形成贯通性结构面及不利结构面组合,对左坝肩稳定影响不大。初设报告中对结构面采用赤平投影进行坝肩稳定性分析,结果为稳定型。

右坝肩下游面节理主要有三组:一组走向 5°~20°,统计条数 50 条,其中 30 条倾向 NW,20 条倾向 SE,倾角均在 81°~86°,为剪节理,呈断续发育,可见延伸 1.5~8 m,节理间距 0.3~3.5 m,节理缝隙大多闭合~微张,少量有黏土充填。另一组走向 335°~340°,倾向 SW,倾角 62°~66°,统计条数 17 条,剪节理,呈断续发育,可见延伸长度 0.5~6 m,节理间距 0.4~3.0 m,节理裂隙闭合~微张。第三组节理走向 305°左右,倾向 SW,倾角 60°~63°。上述三组节理均为高倾角,节理断续发育,延伸不远,不形成贯通性结构面,不形成组合结构面,对右坝肩稳定影响不大。初设报告中对结构面采用赤平投影进行坝肩稳定性分析,结果为稳定型。

右岸坝肩下游侧存在深厚覆盖层,且下游 130 m 为一冲沟,坝肩较为单薄,对坝肩稳定不利,应对拱坝坝肩稳定做验算。左坝肩山体雄厚,稳定性好。

坝基及坝肩在施工阶段曾进行了帷幕灌浆。据调查访问,水库蓄水以来,坝基及坝肩未出现渗水点,说明防渗效果良好,无渗漏问题。岩体透水率 $q=1.03~3.57$ Lu,符合规范要求。

3.3.1.8 左坝肩坍滑体工程地质评价

左坝肩古坍滑体前沿高程 555 m,后沿高程 630 m,厚度达 6~13 m,坝肩开挖前方量约为 $4.2×10^4$ m³。坝肩开挖清除部分坍滑体,将建基面设在滑动面以下的弱风化带岩体上。左坝头乡村公路的高程 587.92~588.55 m,公路以上部分坍滑体方量约 $2.8×10^4$ m³,建库及修路时未进行处理,亦未设置挡栏、护坡设施,建库至今尚无断续坍滑现象,现状是稳定的。但修建乡村公路时造成人工边坡,坡度较陡,且改变了应力分布,在强降雨作用下,可能导致边坡滑体局部或整体重新滑动失稳,建议进行结构支护或清除。乡村公路以下部分坍滑体建库时已部分清除、削坡,但由于近几年暴雨的冲刷,位于左岸坝头的坝上坝下部分的道路下方新填方出现部分坍滑体失稳,砂石重新滑动,并产生了大量落石,影响左坝头稳定,应进行支护或清除。

3.3.1.9 坝基及坝肩稳定安全参数建议值

坝基及坝肩相关岩体参数建议值见表3-2。

表3-2 坝基及坝肩相关岩体参数建议值

参数		弱风化石英砂岩、粉砂岩夹泥岩(T_2b^{2-6})	弱风化粉砂岩、夹泥岩、细砂岩(T_2b^{2-7})	节理结构面	左坝肩坍滑体
天然重度γ		26 kN/m³	26 kN/m³		20 kN/m³
容许承载力 R		3 000 kPa	2 500 kPa		200 kPa
弹性模量 E		5 GPa	4 GPa		
抗剪断强度（混凝土与岩体）	f'	0.8	0.7		
	e'	0.7 MPa	0.5 MPa		
抗剪断强度（岩体）	f'	0.7	0.65		
	e'	0.5 MPa	0.4 MPa		
摩擦系数 f		0.7	0.6	0.5	0.4
饱和抗压强度		30 MPa	25 MPa		
抗拉强度		15 MPa	12 MPa		
泊松比		0.25	0.25		

3.3.2 所略水库库区工程地质条件

3.3.2.1 地形地貌

库区位于坤屯河两岸的那恒、定洋、那勤村之间,地势北西高、南东略低,地形上是连绵起伏的中低山区,山顶高程750～1 020 m,相对高差250～500 m。区内为河谷侵蚀地貌,库区周围没有低洼拗口,与邻谷之间的分水岭厚达2～5 km。

坤屯河是库区的干流,为树枝状水系,该河流发源于库区北西面的万山丛中,由北向南流,汇入六能暗河。坤屯河弯曲多、切割深、河谷狭窄,呈不对称的V形谷,一般凸岸坡缓,凹岸坡较陡,坡度30°～50°,坝址以上河段,河谷较开阔,阶地也相对发育。

3.3.2.2 地层岩性

库区及相邻地区,出露地层为三叠系中统百逢组及河口组,第四系为残坡积层和冲积洪积层。三叠系地层经区域变质作用已发生轻微的变质,表现在岩石中的泥质组分已变成显微鳞片状绢云母。绢云母在细砂岩、粉砂岩中的含量为4%～25%,泥岩中的含量为44%～91%。现由老到新简述如下:

1. 三叠系中统

(1)百逢组(T_2b):相当于原来的板纳组。

①下段(T_2b^1)。分布在库区北部和南部,厚度大于590 m,岩性为灰～深灰色,中～厚层状细砂岩、粉砂岩夹泥岩(部分为泥岩质页岩),局部夹少量含泥粉砂质灰岩及钙质泥岩,水平层理发育。

②上段(T_2b^2)。分布在那恒向斜轴部及其两翼,岩性以深灰~黑色粉砂岩、泥岩为主,夹灰色中厚~厚层状石英细砂岩。岩层中水平层理、波状层理、小型交错层理非常发育,波痕印模常见。岩石特点是砂岩普遍含泥质,泥岩含粉砂质。

(2)河口组(T_2h):相当于原来的兰木组。

灰色厚层含钙细粒砂岩、长石石英砂岩、泥质粉砂岩及灰黑色中厚层泥岩、钙质粉砂质泥岩交互层,下部夹锰质层。水平层理发育,斜层理及波痕常见,厚度大于603 m,分布在库区中部及北部。

2. 第四系(Q)

第四系地层在库区内主要是河床阶地沉积及山麓堆积。冲积层和洪积层分布于河谷漫滩、阶地及冲沟口,由砂、砾石、黏土组成,残坡积层主要分布在坡度较缓的山坡上,由黏土夹碎块石组成。

3.3.2.3 地质构造

1. 褶皱

库区的褶皱构造与区域褶皱构造关系密切,它是北西向褶皱构造的一个组成部分。从总体来说,库区是一个复式向斜构造,即那勤主干向斜之次一级褶皱,形态类似异状,轴向北西50°~75°,岩层倾角10°~45°,最大65°,在它的次一级向斜与背斜交接部位,小型褶曲颇为发育。

2. 断裂

库区内断裂构造不发育,未发现有大断层通过库盘,仅在库区北部盘巴村有一条压扭性断层通过分水岭外围附近,断层角砾及擦痕较明显。另外,在那任村与那甘村之间,也有两条小断层,岩层被钳断。裂面亦见断层角砾、擦痕及石英团块,其中一条产状为:走向北西10°,倾向南西,倾角约45°;另一条产状为:走向北西45°,大致倾向北东,倾角不明。这两条断层可能是盘巴村压扭性断层派生的。

上述断层离库区较远,不会对水库产生不良影响。

纵观整个库区,构造变动不十分强烈。岩层较连续完整,因而节理分布也很稀疏,没有发现密集节理带。

3.3.2.4 水文地质条件

库区集雨面积110.7 km²,大气降水是地表水和地下水的主要来源,大部分雨水成为地表径流流入坤屯河,小部分雨水沿孔隙裂隙下渗补给地下水,地下水再补给河水。

坤屯河谷两岸山坡的冲沟内,均有泉水出露,高程均在600 m以上,而且多为裂隙下降泉,泉水流量一般较小,特别在枯水季节往往断流,受季节影响明显。河谷两侧冲沟发育,切割较深,其中较大沟谷形成溪流补给河水。所以,坤屯河也是当地地下水主要的排泄河道。

库区及分水岭,由较厚的三叠系砂泥岩交互层构成的隔水岩层,地表分水岭高且又很宽厚,库周没有较低拗口,库岔无大断层通向库外等,都是成库的有利水文地质条件。

3.3.2.5 库区渗漏及淹没

从水库的邻谷水系分析,西南、北面的邻谷水系其高程均高于水库的正常回水位,故库水不会向上述的邻谷渗漏。水库渗漏的唯一途径是向东面的盘阳河水系支流渗漏,这些支流水系的高程一般为 300～500 m,大大低于水库的正常回水位(水库正常回水位是593.25 m),但从地层分布和构造条件上看,库区及其分水岭的三叠系砂岩、泥岩之交互层是较好的隔水层,该岩层分布广泛,从库周山坡延伸至加盆地下深处,对水库起着隔水作用。从地貌上,库区不存在低洼拗口,没有断层通往库外,分水岭位置高而且很宽厚,库区与东面盘阳河支流最窄的分水岭段也有 2～3 km。由于这些有利条件的存在,所以水库不会出现向邻谷渗漏的问题。

在坤屯河两岸及山坡,分布有少量农田及坡地,水库蓄水后部分被淹没。据统计,淹没面积 3.45 km²,其中农田 709 亩(1 亩 =1/15 hm²,全书同),旱地 131 亩,茶林 144 亩,其余都是荒山。另外,库区内没有大的村镇和公路,也未发现有矿产,故淹没不会造成很大损失。

3.3.2.6 物理地质作用及库岸边坡稳定

在河谷及库周均没发现崩型滑坡、崩塌、泥石流等物理地质现象。这是因为库区内河流及沟谷大部分为横向谷,基岩裸露,仅局部出现顺坡卸荷裂隙造成少量崩塌。库周山坡植被茂盛,覆盖良好。坡残积层厚度较薄,一般为 1～6 m,最厚可达 16 m,又是黏土或亚黏土夹少量碎块石组成,黏性较强;同时谷坡坡度一般较缓,20°～35°,不易造成滑塌,但最关键的还是地质构造格局,库区内无大断裂,节理不太发育,岩体相对较完整,故与构造有关的多种物理地质现象不会孕育而生,这是库岸边坡稳定较好的根本原因。

水库蓄水后,地下水位壅高,库岸被淹没,局部产生小滑坡、小崩塌是可能的,但要造成大量的库岸崩塌及大型滑坡等严重影响的可能性甚小。

3.3.3 所略水库至二级电站前池间输水渠道的工程地质条件

3.3.3.1 引水渠道的工程地质条件

1. 坝首—弄怀隧洞进口段

从坝下厂房尾水—弄怀隧洞进口,全长 2 300 m(其中 2 座渡槽长 152 m),渠道沿线大部分地段是沿半山坡分布,仅局部地段沿山脊分布。坡残积层为黄色砂质黏土含碎石、块石,厚度 1～2.5 m,下伏基岩系灰黑色中厚层泥岩为主夹砂质泥岩、页岩,多呈弱风化状态,较坚硬,岩层产状多变,岩层走向与渠线方向之间夹角均大于 40°,对开挖有利,稳定性好。但局部地段节理发育,岩石风化破碎,有塌坡现象,需采取处理措施。

2. 弄怀隧洞出口—总干隧洞进口

长 289 m 的渠线分布于缓坡及岩溶洼地上,覆盖层为第四系坡残积层,灰黄色、紫红色砂质黏土含少量碎石,粒径一般为 3～5 cm,最大为 8 cm,厚度为 3～8.1 m 未到基岩,下伏基岩为灰岩。沿线局部地段有基岩裸露,由于山坡不陡,渠道比较稳定。

3. 总干隧洞出口—二级电站前池

长 660 m 的渠道沿线均沿半山坡分布,覆盖层为黄色砂质黏土含碎石,下伏基岩为强风化～弱风化紫红色薄层砂质泥岩夹细砂岩,中厚粉砂岩与砂质泥岩互层,局部地段岩石较坚硬、完整,层理清晰,渠道稳定性较好,但局部地段由于岩层较破碎,开挖易于坍塌,需进行边坡护坡衬砌。

3.3.3.2 引水隧洞的工程地质条件

1. 弄怀隧洞

弄怀隧洞长 532 m,进、出口段拱顶上伏岩层较薄,前半段隧洞系穿越三叠系地层,岩性为强风化~新鲜薄层~中厚层砂岩夹砂质泥岩,层理清晰,围岩较坚硬,局部较软,沿线间断有裂隙水滴下,水量很小;后半段所穿过的地层属茅口组灰岩,岩性为弱风化~新鲜灰色、深灰色厚层,巨厚层灰岩,坚硬、性脆,围岩较完整,对开挖有利。

2. 总干隧洞

总干隧洞沿线设置于弄怀、弄莫、架晒、大龙凤、龙甲与布林等村之间,全长 6 720 m(其中龙凤明渠 150 m),地貌属岩溶峰丛洼地区及中高山区地形,岩性大部分地段穿过灰岩,仅接近出口部分,地段为砂页岩。灰岩区岩溶发育,洼地呈串珠状。隧洞全线均位于盘阳河与六能暗河之间,两河水位分别为 250 m 及 490 m 高程以下,隧洞底板高程为 542.5~529.5 m,高出河水面 40~280 m,隧洞全线均处于地下水位以上。

3.3.3.3 渡槽建筑物的工程地质条件

1.1 号渡槽

长 75 m,河谷深度 20 m,基岩为黄色、灰黄色薄层至中厚层泥岩为主夹中厚层砂岩,呈强风化~弱风化状态。基岩产状:走向北西 30°,倾向北东,倾角 28°。主要发育的一组节理:走向北东 40°,倾向南东,倾角 60°,基岩完整性较好。

2.2 号渡槽

跨度 52 m,沟谷深 30 m,基岩为深灰黑色泥岩、钙质泥岩夹中厚层、厚层砂岩,呈弱风化状态。岩层产状:走向东西,倾向北,倾角 26°,节理较发育。右岸基岩完整性稍差,左岸基岩较完整,对建筑物稳定有利。

3.3.4 二级电站前池至巴定水库间输水管道的工程地质条件

3.3.4.1 地形地貌

输水管线起于所略水库二级站前池,终止于巴定水库库尾,管线区地貌单元主要为低山丘陵地貌,地面高程一般为 320~550 m,相对高差为 50~120 m。管线多布置于二级盘山公路边侧、山坡、山坡脚下及沟谷平地上,管道中心线地面高程一般为 325~535 m,相对高差一般为 50~110 m。沿线主要分布有水稻、甘蔗等农作物,少量松树、桉树等,其中经过低洼段水田和小沟的长度约占全线的 11%,其他地段为旱地和荒地,约占全线的 89%。

3.3.4.2 地层岩性

根据工程地质测绘和勘探钻孔揭露,管线区的地层主要为第四系人工堆积填土层(Q^s)、第四系坡残积层(Q^{edl})和三叠系中统百逢组第二段(T_2bf^2)的粉砂岩、砂质页岩及细砂岩,现由老到新描述如下。

1. 三叠系中统百逢组第一段(T_2bf^1)

属陆相碎屑岩系地层,以灰色、浅灰色(风化呈黄褐色)中~厚层状粉砂岩、细砂岩为主。强风化岩层厚度一般为 12~18 m,黄褐色,砂岩主要成分为石英,细粒结构,岩石较坚硬;弱风化岩层厚度一般为 25~30 m,呈灰色、浅灰色,中~厚层状,层状构造。管线沿线均有分布。

2. 第四系坡残积层（Q^{edl}）

褐黄色、黄褐色含碎石黏土、黏土，稍湿~湿，可塑~硬塑状，碎石多为强风化粉砂岩、砂岩，棱角状，厚度 1.5~3.0 m，线路沿线均有分布；低洼地带的田地里其顶部分布有 0.4~0.6 m 厚的耕植土，湿，可塑~软塑状。

3. 第四系人工堆积填土层（Q^s）

土质主要为含碎石的粉质黏土等，厚度 0.5~2.5 m，主要分布在桩号 0+65.6—2+109.8 段公路南东侧、桩号 2+332.2—2+485.8 段公路北东侧及低洼地段。

3.3.4.3 地质构造

根据工程地质测绘和勘探钻孔揭露，工程区内地层产状较稳定，总体为 N40°~60°W，SW∠40°~60°，未发现较大断层通过工程区。

3.3.4.4 水文地质条件

工程区地下水主要为土层孔隙水和基岩裂隙水，根据钻孔揭露，该工程区的地下水主要为土层孔隙水，埋深较浅，水量中等，对施工有一定的影响，建议施工时采用排水措施，以确保施工的安全。

3.3.4.5 不良地质作用

根据工程地质测绘和勘探钻孔揭露，工程区内地质条件稳定，无不良地质作用发育。但施工开挖会出现 0.5~2.0 m 的临时边坡，临时边坡稳定性问题是施工时的主要不良地质作用。施工时严格按照设计坡比施工，并且做必要的边坡支护，会消除不良地质作用的影响。

3.3.4.6 工程地质环境预测

由于输水线路方案拟采用全埋管方案，施工开挖会破坏原有的地质环境，但施工完毕后会恢复原有的场地条件，总体上输水线路施工对工程地质环境影响较小。

3.3.4.7 岩（土）层物理力学参数建议值

根据现场原位测试及室内试验成果，结合钻探地质编录和本区的工程经验，工程区各岩（土）层承载力标准值及开挖边坡建议值采用表 3-3 中的值。

表 3-3 岩（土）层物理力学参数建议值

地层代号	岩性	承载力特征值 f_{ak}（kPa）	渗透系数（cm/s）或透水率（Lu）	建议开挖边坡
Q^s	含碎石粉质黏土	100~120	5×10^{-3} cm/s	1:1.5
Q^{edl}	含碎石粉质黏土	200~220	8×10^{-4} cm/s	1:1~1:1.25
（T_2bf^1）	强风化基岩	400~800	7.0 Lu	1:0.75~1:1
（T_2bf^1）	弱风化基岩	800~1 100	0.8 Lu	1:0.5~1:0.75

3.4 天然建筑材料

本工程涉及区域较大，据现场调查了解，石料比较容易解决，砂料缺乏，根据《水利水电工程天然建筑材料勘察规程》(SL 251—2000)的要求,勘察储量不得少于设计需要量的 3 倍。

3.4.1 石料

所略水利枢纽及坝首至二级站前池段的输水渠道所需材料,可到弄怀村北面山坡料场(六能暗河进口对面山)开采。该料场为中厚~厚层石灰岩,质地坚硬,均可满足建坝骨料强度要求,储量有两座小山,易于开采,进坝公路在料场边缘通过,交通运输十分方便。

从二级站前池至巴定水库及巴定水库至巴马水厂段渠道所需材料,可到位于那桑东北面山坡料场开采。该料场地层岩性二叠系下统茅口阶($P_1 m$),灰岩,灰色,中厚层状,细晶结构,岩石新鲜完整,强度高,储量丰富,经加工可用作人工粗细骨料及块石料。有村级砂路到料场,料场距那桑村约 500 m,开采对该村居民影响不大。

3.4.2 砂料

工程区范围内没有可供直接利用的天然砂卵砾石料场,工程建设所需的细骨料只能通过人工在各料场加工生产解决。

3.4.3 土料场

经查勘,位于巴定水库坝址下游 600 m 的北面土坡可作为土料场,该料场分布于场地表层,主要成分为可塑~硬塑状的粉质黏土夹碎石,碎石成分为全~强风化砂岩,黄色,可塑~硬塑状。土的天然重度 $\gamma = 19$ kN/m^3,天然含水量 $w = 40\%$;塑性指数 $I_p = 15$,土料质量基本符合有关要求,储量估算:剥离层(无用层)平均厚度 0.5 m,方量 4.5 万 m^3,有用层平均厚度 4.5 m,方量 40 万 m^3,储量丰富。

3.5 结论和下一步工作建议

3.5.1 结论

3.5.1.1 水库枢纽部分

(1)工程区域无活动性断层存在,根据《中国地震动参数区划图》(GB 18306—2001)的划分,测区地震动峰值加速度为 $0.05g$,相应地震基本烈度值为Ⅵ度,区域稳定性好。

(2)压力钢管及厂房均布置在弱风化岩体上,稳定性好,运行以来,压力管未出现变形、开裂、渗漏现象,运行良好。厂房内水轮机设备存在漏水现象,有部分发电用水漏失,造成水量损失。二级坝坝体浆砌石块石料为致密灰岩,浆砌石胶结良好,坝体未发现开裂、变形、淘刷现象,坝体质量良好。

(3)左坝头乡村公路以上部分坍滑体方量约 2.8×10^4 m^3,建库及修路时未进行处理,亦未设置挡栏、护坡设施,建库至今尚无断续坍滑现象,现状是稳定的。但修建乡村公路时造成人工边坡,坡度较陡,且改变了应力分布,在强降雨作用下,可能导致局部或整体滑体重新滑动失稳,建议进行结构支护或清除。乡村公路以下部分坍滑体建库时已部分清除、削坡,但由于近几年暴雨的冲刷,位于左岸坝头的坝上、坝下部分的道路下方新填方部分出现坍滑体失稳,砂石重新滑动,并产生了大量落石,影响左坝头稳定,应进行支护或清除。

(4)消力池左岸山体陡峭,岩体节理发育,抗风化性能较差,临水肋条池水跃部分抗冲性能较差,池岸及护坦冲刷、崩塌较严重。

3.5.1.2　库区部分

所略水库运行十多年来表明,库区未发现永久渗漏问题,水库淤积量少,水库不存在库周浸没问题。

3.5.1.3　输水渠道部分

(1)输水渠道沿线暂未发现重大滑坡、崩塌、泥石流等严重不良地质现象,但局部地段岩层节理较发育,防渗性能较差,存在小型崩塌的可能。

(2)新建输水线路沿线无不良地质作用发育,工程地质条件较为简单,建议管线基础埋置于坡残积层或强风化基岩上,其承载力高,满足管线的布置要求。

3.5.2　下一步工作建议

(1)为了使该工程早日上马,建议在初设前应按照相关规范要求,查明枢纽区、库区、输水及供水各建筑物的工程地质条件。

(2)根据相关规范规程要求对枢纽区、库区及输水线路部分进行工程测量,以满足工程设计阶段需要。

(3)补充查明各种天然建筑材料的分布、储量和质量,为设计提供可靠的基础资料。

第4章 工程任务与规模

4.1 地区社会经济发展现状

　　巴马县位于广西西北部山区,盘阳河中游,东经 106°51′~107°32′,北纬23°49′~24°23′,东西长 70 km,南北宽 42 km,总面积 1 971 km²,东临大化瑶族自治县,南与平果、田东、田阳县毗邻,西和百色市、凌云市接壤,北同凤山县、东兰县交界,现辖 1 镇、9 乡、103 个村民(居民)委员会。2008 年年底全县总人口 25.91 万人,非农业人口 2.4 万人,壮族、瑶族等少数民族人口约占总人口的 85%,人口密度 131.46 人/km²。县政府驻地巴马镇,有瑶族、壮族、汉族等 12 个民族。

　　巴马县地势西北高,东南低,境内山多地少,素有"八山一水一分田"之称,地貌分岩溶和非岩溶两大类,类型以丘陵、石山为主,境内石山占 30%,丘陵坡地点 69%,水面占 1%,土地对于当地农民来说万分珍贵和珍惜。最高点在西北部的塔云山,海拔 1 216 m,最低处在东南部的盘阳河口,海拔 172 m。地质构造为北西—南东褶皱和断裂。在区域上主干褶皱有西山背斜、龙田穹窿、月里向斜及那勒向斜;主干断层为巴马断裂带、所略—燕洞断裂带及其环状断裂。地层岩性主要为泥岩、粉砂岩、页岩、细砂岩,流域四周有少量岩溶较发育的汇流区,但所占比例很小。气候属中亚热带季风气候,多年平均气温 20.6 ℃,年平均降水量 1 560 mm,年平均日照时数 1 531 h,全年无霜期 338 d,灾害性天气主要有冬春旱、暴雨等。主要河流有盘阳河、灵奇河、百东河,其中百东河属郁江流域注入右江,盘阳河、灵奇河从西北向东南注入红水河。境内河流处于上游地区,河系较发育,支流较多,河谷深切,落差比较大。

　　公路四通八达,国道 G323、省道 S208 交会于县城,是桂西通往桂东南沿海地区和大西南地区的要道之一。巴马县经东兰县向东与西南出海大道水(任)南(宁)高速公路、黔桂铁路、金(城江)宜(州)一级公路、宜柳高速和桂海高速公路连接,西与南昆铁路、百色机场南(宁)百(色)高速公路连接,交通通信便捷。程控电话和移动电话境内均可使用。

　　巴马县是世界五大长寿之乡中百岁老人分布率最高的地区,被誉为"世界长寿之乡、中国人瑞圣地"。巴马县物产资源丰富。有珍珠黄玉米、油茶、火麻、油鱼、黑山羊、麻鸡、银鱼、香猪等名优特产;有钛、硅、锰、锑、铁、金、辉绿岩、滑石、大理石、方解石、石灰石等矿产资源。

　　2006~2010 年来,巴马县把握发展机遇,社会经济发展快速,工业化、城镇化步伐加快,经济结构调整取得了明显效果,特色农业、特色工业、特色旅游业蓬勃发展,成功走出转变经济发展方式的第一步,长寿健康产业成为推进产业结构调整的重大引擎,经济总量逐步增大。

　　2008 年,巴马县地区生产总值完成 16.67 亿元,同比增长 13.02%,其中第一产业、第二产业、第三产业各占地区生产总值比重为 31.86%、40.13%、28.01%；全社会固定资产投资 8.75 亿元，同比下降 21.41%；财政收入 1.21 亿元，同比增长 19.04%；全部工业总产值 10.77 亿元，同比增长 28.14%，其中规模以上工业总产值 7.03 亿元，同比增长 35.15%。

所略水库大坝所在的所略乡地处巴马县西南部 42 km，全乡总面积 219.94 km²，全乡下辖 14 个村委会、195 个村民小组、175 个自然屯，主要居住着壮族、汉族、瑶族三个民族的人民。全乡境内东北面为石山地区，海拔 800～1 000 m，山峰林立，耕地少而分散，人畜饮水困难。西南面为丘陵山地，土层肥厚，是乡内主要产粮区。群众种植油茶已有二三百年的历史，是全县油茶重要生产基地。年均降水量 1 300 mm，全乡耕地 12 571.56 亩，其中水田 8 065 亩，旱地 14 547 亩。有林面积 99 843 亩，其中油茶林 60 978 亩，年茶果产量 100 万～120 万 kg。

4.2 工程建设的必要性

4.2.1 工程建设是实现巴马县"十二五"规划目标的需要

"十二五"时期(2011～2015 年)，是巴马县 2020 年实现全面小康社会目标承上启下的关键时期，全面落实《国务院关于进一步促进广西经济社会发展若干意见》，推进实施国家新一轮西部大开发战略，发挥资源优势和后发优势，加快转变经济发展方式，实现"富民强县"新跨越的重要战略机遇期。为此，需围绕实现"富民强县"新跨越，以加快长寿健康产业发展为主线，以推进工业化、城镇化为主导，以保障和改善民生为根本目的，全面实施"大旅游、大品牌、大特色、大建设、大合作"发展战略，着力在转变发展方式、发展循环经济、建设生态文明等方面先行先试，努力实现巴马科学发展"八化"目标(发展思想时代化、县域环境生态化、工业发展园区化、旅游发展国际化、农业发展品牌化、城市发展园林化、文化发展地域化、社会建设和谐化)，把巴马建设成为世界长寿休闲养生度假中心、全国生态文明示范区、广西社会和谐稳定模范区、中国优秀旅游城市目的地、中国绿色长寿食品生产基地、广西天然矿泉水生产基地("一中心两区三地")。

在《巴马瑶族自治县县城总体规划(2009～2030)》中，将巴马全县划分为 2 大经济区：盘阳河经济区和灵奇河经济区。盘阳河经济区为以县城为中心，包括巴马镇、甲篆乡、那社乡、西山乡、东山乡、凤凰乡共 6 个乡(镇)；县城重点发展工商业；甲篆乡、巴马镇重点发展工业、特色种植业、养殖业、渔业和旅游业；那社乡重点发展特色林果业；西山乡、东山乡、凤凰乡 3 个乡以山羊、麻鸡饲养和笋竹、核桃、火麻、蚕豆种植为主。灵奇河经济区包括那桃乡、百林乡、燕洞乡、所略乡 4 个乡，那桃乡、百林乡、燕洞乡 3 个乡重点发展林果、桑蚕、香猪等种养业，所略乡以发展油茶等经济林果为主。配合巴马旅游产业主导的产业布局，积极发展旅游服务业及相关产业。

"十二五"期间，巴马县按照规划目标不断加强以交通、水利为重点的基础设施建设，加大工业园区建设力度，届时，城区、工业园区人口将迅速膨胀，城市生活、工业、第三产业需水将迅速增长。所略水库大坝位于所略乡，输水渠道经过所略乡、巴马镇、巴马城区，横跨盘阳河、灵奇河两大流域,本骨干水源工程建设为盘阳河、灵奇河两大经济区的发展提供水资源支撑,符合巴马经济社会发展的战略需求。

4.2.2 工程建设是解决巴马县城、城区周边及所略乡、巴马镇生产生活用水的需要

4.2.2.1 发展需水

巴马县这几年来的快速发展,县城人口日益增加,巴马县作为旅游县城,流动人口大幅度增加,县城规模又不断扩大,从而对水资源的需求急剧增加。从水资源状况来看,由于社会经济发展带来的水污染进一步加剧,原作为供水水源之一的盘阳河也受到一定的影响,从而导致供水水源的不足,大大影响了巴马县的发展。2008 年,巴马县人均 GDP(6 433.8元)仅为广西壮族自治区人均 GDP(15 116 元)的 42.56%、河池市人均 GDP(8 077元)的 79.66%。

4.2.2.2 工程性缺水问题严峻

尽管该区有较丰厚的降水资源(多年平均降水量 1 560 mm),人均降水资源总量约 4 400 m³,亩均降水资源总量约 9 000 m³。但是由于蓄水工程薄弱,基本是"下雨半时水滔滔,日照 3 天禾枯焦"。根据统计资料显示,到 2005 年年底,全区水塘以上的蓄水工程 117 处,总蓄水能力 5 687.85 万 m³[其中中型水库 1 座,蓄水能力 3 740 万 m³;小(1)型水库 4 座,蓄水能力 917.85 万 m³;小(2)型水库 2 座,蓄水能力 101 万 m³;山塘 109 个,蓄水能力 929 万 m³]。工程蓄水能力人均仅为 219 m³。如此弱小的蓄水能力,与地区发展、社会稳定对水资源需求极不相称,和同类山区的其他地区相比,也是相当贫乏的。因此,增大区域蓄水能力是保障区域可持续发展、社会稳定的工程措施之一。

4.2.2.3 气候变化、降水不均

自 2009 年 8 月以来,巴马县持续干旱,旱情严峻,成为河池市 6 个特旱县之一,引起了党中央、国务院的高度关注,2010 年 2 月 13 ~ 14 日,温家宝总理到巴马县视察,对巴马县的抗旱工作提出了"要充分发挥党团员的先锋模范作用,带领和组织群众共同抗旱,共渡难关""首先要保人畜饮水,然后想方设法搞好春耕备耕"的重要指示。

据统计,2009 年 8 ~ 12 月全县总降水量 136 mm,比常年同期(528 mm)减少 74.3%。2010 年 1 ~ 3 月,全县总降水量 54.1 mm,比常年同期(108.2 mm)减少 50%。全县水利工程蓄水总量仅为 15 万 m³,比历年同期减少 94.7%。县内 8 座水库有 4 座干涸,占 50%;331 座山塘有 275 座干涸,占 83.1%;13 154 座水柜有 10 653 座干涸,占 81%;114 眼机电井有 49 眼出水不足,占 43%;60% 以上的小河小溪出现断流和干涸现象。这次旱灾全县 10 个乡(镇)103 个行政村受到影响,受旱人口 17.7 万人。截至 2010 年 4 月 30 日,全县因旱饮水困难人口 8.35 万人,因旱饮水困难大牲畜 2.38 万头。其中,49 个村 11 286 名群众和 32 所学校 6 910 名师生需要政府送水解决。全县秋收作物受旱面积 13.89 万亩,其中重旱 4.79 万亩,干枯 2.65 万亩,轻旱 6.45 万亩。春季农作物受旱面积 25.40 万亩,农作物旱灾直接经济损失 5 342 万元。

2010 年 1 月至 5 月 10 日,全县投入抗旱人数达 12.822 万人次,投入抗旱资金 1 560.5 万元,中央和自治区财政 883 万元,市县级 420.5 万元,群众自筹 257 万元。投入机动抗旱设备 5 720 台(套),泵站 19 处,投入抗旱用油 176.75 多 t,抗旱用电 24.535 万

kW·h,购买运水专用车辆 14 辆,动员社会车辆 110 多辆,购置水桶、缸共 1.2 万多个。累计运水车辆 13 422 多辆次,总运水量达 6.8 万多 m³。临时解决饮水困难人口 8.35 万人、饮水困难大牲畜 2.38 万头。

2010 年 3 月,温家宝总理在云南考察旱情和抗旱工作时指出"要痛定思痛,下更大的决心,采取更有力的措施,加强水利建设"。根据温家宝总理对水利建设提出的要求,做好重点水源工程建设工作对解决工程性缺水问题,推动水利建设跨越式发展将起到重要的作用。

4.2.3 工程建设条件较好

近年来,巴马城区建设快速发展,常住人口迅速增加,建成区面积由 2008 年的 4.3 km² 发展到 2010 年的 4.6 km²,计划 2015 年将发展至 5.66 km²,2030 年发展至 12.85 km²,城区居民由 2008 年的 5 万多人增加到 2010 年的 6.0 万多人,估计 2015 年城区人口将增加至 7.5 万人,2030 年增加到 12 万多人。随着经济社会的快速发展,城市缺水问题日益突出,水资源紧缺问题已经成为制约经济和社会发展的主要瓶颈。同时,本县水资源开发和利用又呈失衡态势,供需矛盾突出,由于地下水大量开采,多数地区地下水开采达到临界值,不少地区出现超采现象,使地下水的良性循环受到威胁。

所略水库控制集雨面积 110.7 km²,坝址处多年平均径流量 9 475.6 万 m³,多年平均流量 3.00 m³/s,水量充沛,水质符合供水水源要求,同时离县城较近,若以巴定水库作为中转水库,则新建一条从所略水库的二级电站前池至巴定水库的输水渠道,再对已有的巴定水库至巴马水厂的输水渠道线路进行改造,即可将所略水库的原水输送至巴马水厂,从而解决当地经济社会发展的缺水之困。同时,虽然沿线各乡(屯)均修建了农村饮水工程,但由于蓄水池偏小,抵抗干旱的能力偏差,遇到干旱年仍将无水可用,此时可利用本输水工程将所略水库作为沿线居民的应急备用水源。

因此,加快所略水库水源工程建设既是摆脱巴马地区缺水瓶颈制约、破解水难题的重要出路,也是落实党中央、国务院对该地区关怀的主要行动之一。

4.3 工程建设依据及工程任务

4.3.1 工程建设依据

2011 年中央一号文件《中共中央 国务院关于加快水利改革发展的决定》指出,我国将在今后 5~10 年内实现水利现代化,加快水利改革发展,不仅事关农业农村发展,而且事关经济社会发展全局;不仅关系到防洪安全、供水安全、粮食安全,而且关系到经济安全、生态安全、国家安全。

根据《巴马瑶族自治县国民经济和社会发展第十二个五年规划纲要(草案)》,"十二五"期间巴马县将加快重点水源建设,抓好县城供水、排水扩建工程建设,推进石山地区人畜饮水及农村饮水安全、石山区旱片水土保持综合治理工程建设,集中建设 100 户以上农村人饮和消防工程 684 处,规划建设应急水源工程 6 处,解决 14 万人饮水困难和消防安全问题,改善农田灌溉 1.28 万亩。

2009 年年底至 2010 年 4 月,广西壮族自治区发生百年一遇的旱情,人畜饮水发生严重困难,大量农作物干旱减产及至颗粒无收,造成很大的损失,影响社会稳定。2010 年 4 月 1 日,水利部召集广西、贵州、重庆、四川、云南等 5 省(区、市)水利部门,召开西南 5 省区县域水源工程建设规划编制工作会议,部署《西南五省(区、市)县域水源工程近期建设规划报告》编制工作。会议决定,国家将集中资金,兴建一批中小型水库,并采取提水、调水等多种取水方式,以解决各县(区、市)及重点乡(镇)的供用水问题,突出解决西南地区工程性缺水问题。

巴马县所略水库水源工程项目是广西壮族自治区"十二五"规划范围内推荐的重点水源工程之一,也是巴马县"十二五"规划重点水利工程。项目的实施,对于改善城乡供水现状,提高当地群众生产生活条件,完善城市基础设施,促进经济平稳较快增长将发挥积极作用。

4.3.2 工程任务

现状所略水库是以发电为主,兼有防洪功能,本水源工程实施后,将对水库进行扩容,水库功能也相应调整为以供水、发电为主,兼有防洪等综合效益。本水库将承担巴马县城、城区周边及工程沿线所略乡、巴定镇等城镇、乡村居民的用水需求。根据城镇供水片区分类,拟将所略水库承担的供水规模纳入整个巴马县城区供、需水平衡分析中。

4.4 城镇供水规模

4.4.1 设计原则

4.4.1.1 供水原则

供水规模按照"需要、可行、效益"的原则进行论证,具体为:

(1)资源水利为主的原则。按照现代水利的治水思路,合理配置水资源,以水资源可持续利用支持国民经济的可持续发展,以"合理配置、综合利用、适度开发、加强节约、注重保护"为指导思想。

(2)充分利用当地水资源的原则。必须优先考虑当地水资源的充分利用,包括地表水资源和地下水资源的利用。

(3)注重可持续发展的原则。按照工程的功能,以主要解决巴马县城及周边生产生活用水为目的,从而达到水资源的可持续发展的原则,以支持国民经济的可持续发展。

4.4.1.2 设计水平年和设计保证率

基准年为 2008 年,根据《室外给水设计规范》(GB 50013—2006)和《水利工程水利计算规范》(SL 104—2015)规定,设计水平年结合本工程的规模、特点、重要性和工程寿命确定。所略水库工程规模为中型水库,主要任务是供水、发电,工程等别为Ⅲ等;主要建筑物级别为 3 级,次要建筑物级别为 4 级,临时建筑物级别为 5 级;坝型为双曲拱坝。考虑到巴马县城的总体规划,盘阳河、灵岐河两大工业区的开发与建设,未来人口的增加,旅游业的促进与经济社会的可持续发展,设计水平年采用 2030 年。

根据《室外给水设计规范》(GB 50013—2006)和《村镇供水工程技术规范》(SL 310—2004)的规定,人畜饮水保证率严重缺水地区不低于90%,其他地区不低于95%。本工程供水对象主要是城镇居民和企业,供水区属于较缺水地区,所略水库水源工程的城乡供水设计保证率取95%。

4.4.2 供水现状

4.4.2.1 地区水资源开发利用状况

所略水库是以供水、发电为主,兼顾防洪效益的综合利用工程,水库供水范围为巴马县城、所略乡(六能村)和巴马镇(巴定村、坡腾村)。

巴马县地处亚热带季风气候带,雨量充沛,干湿季明显。全县多年平均水资源量为16.377亿 m³(不含县外来水),其中多年平均径流总量13.97亿 m³(不含县外来水),地下水资源总量2.407亿 m³,全县人均水资源量为0.539万 m³,耕地亩均水量1.087万 m³(两者均不含地下水及过境水)。

巴马全县水资源开发利用工程共1 510处(不包括电站),设计可供水量0.88亿 m³,开发利用程度占水资源总量的6.55%。其中,小(2)型以上水库7处,集雨面积38.23 km²,总库容1 191.9万 m³,有效库容885.1万 m³,设计可供水量0.31亿 m³,实际供水量0.29亿 m³;塘坝和水池796处,有效库容276.4万 m³,可供水量0.05亿 m³,实际供水量0.04亿 m³;提水工程126处,装机容量1 797 kW,可供水量0.11亿 m³,实际供水量0.1亿 m³。全县各类供水工程主要用于农业灌溉、农村用水、城镇居民用水和工业用水。

4.4.2.2 供水现状

巴马县自来水有限责任公司原为巴马供水所,为水电局下属机构,于1976年独立核算,成立巴马县自来水厂,隶属巴马县建设局,1999年改为巴马县自来水公司,现有盘阳河生产线2条,生产能力2.0万 m³/d(1条1.5万 m³/d,1条0.5万 m³/d),取水泵站位于盘阳河练乡段岸边,占地面积1.4亩,净水厂位于三公里坡,占地面积21.9亩,清水池4座,总容积3 000 m³,净化消毒设施建筑面积2 100 m²,现有公称直径80～500 mm的供水管网总长33.7 km。高地净化站位于县城东南部的高山上,规模为0.5万 m³/d,水源取自六一、周坤的山泉水,两股泉水经管道汇合后自流至净化站,在水池内经消毒处理后自流至县城给水管网。合计总设计供水能力为2.5万 m³/d,县城的淀粉厂采用自备水源。现状每天向县城及周边区域4.2万人供生活用水7 000 m³/d左右,见表4-1。目前,供水管网部分地段管径偏小,影响正常供水。

表 4-1 巴马县城用水量统计 　　　　　　　　　　　　　　（单位:m³/d）

用水项目	最高日用水量	平均日用水量
居民生活用水	7 000	6 000
公共建筑用水	12	10
企业生产及工作人员生活用水	300	200
浇洒道路和绿地用水	100	60
管网漏失及未预见用水	2 000	1 500

4.4.2.3 巴定水库

巴定水库位于巴马镇巴定村巴定屯,为小(1)型水库,距离县城12 km,水库集雨面积9.28 km²。水库原建于1977年,2009年对其进行了除险加固,现状大坝为最大坝高36 m的均质土坝,坝长140 m,坝顶高程315.23 m。正常蓄水位310.90 m,相应库容353万m³,校核洪水位313.90 m,相应库容450万m³;位于左岸的塔式取水口高程286.30 m,孔口尺寸1.8 m×1.8 m(宽×高),现状设计通过输水渠道向县城水厂供水5 000 m³/d。

4.4.3 用水预测

4.4.3.1 人口预测

1. 县城人口预测

根据《巴马瑶族自治县县城总体规划(2009~2030)》,规划近期(2015年)县城人口7.5万人,远期(2030年)12万人。具体方法如下:

2008年全县总人口25.91万人,巴马县城建成区面积4.3 km²,人口5万人,人均用地面积为86 m²。

1)方法一:增长速度外推法

2002~2008年,人口从3.2万人增至5万人,年平均增长度7.7%,随着经济的发展和人口基数的增长,人口增长速度逐渐减慢,因此近期人口增长率取6%,远期取3%,则

2015年县城人口为 $5 \times (1 + 6\%)^7 = 7.5$(万人);

2030年县城人口为 $7.5 \times (1 + 3\%)^{15} = 11.7$(万人)。

2)方法二:适宜容量环境约束法

在确定区的范围内,适宜容量的约束对城市人口规模将发生重要的影响,随着城市规模的扩大,土地的稀缺性也随之增强,水环境、生态环境的压力也相应剧增。因此,对未来空间约束的判断,主要基于三方面的分析:一是地区水资源承载力(水资源容量);二是地区适宜建设用地的总量(空间容量);三是地区生态环境承受力(生态容量),测量巴马县城的最大人口容量与适度人口。最大人口容量指充分挖掘各类资源承载力下巴马县城所能容纳的最大人口规模,而适度人口则指的是满足一定生产率及生活水平的人口数量,前者是一个定量,后者是一个变量。

根据经济学原则的"短边原理",巴马县城所能容纳的最大人口数量应该由限制性最大的要素确定,无论是土地资源、水资源,还是生态资源、经济水平,每一个因子都可能是限制巴马城区人口总规模的因素,而适度人口则要求上述各类要素都能够在人均水平或整体分配中达到合理配置。这里,根据对水资源、城区容量、生态容量及经济水平的综合分析,巴马县城的人口规模应控制在15万人以内。

综上,巴马县城2015年近期人口为7.5万人,2030年远期人口为12万人。

2. 六能村、巴定村、坡腾村人口预测

工程沿线的所略乡六能村现状人口约2 800人,巴马镇巴定村、坡腾村约1 200人,三个村共计4 000多人将受惠于本水源工程。

1)方法一:综合平衡法

依照现状人口情况,采用一般方法进行常规预测:

$$A = K(1 + \alpha + \beta)^n + P$$

式中:A 为规划期村镇人口规模;K 为计算基期村镇人口数;α 为规划自然增长率;β 为规划机械增长率;n 为规划年限;P 为非常住人口,$P = S + m$(S 为暂住人口,m 为流动人口)。

受惠区现状人口为 4 000 多人,考虑镇区村镇化进程将农业人口转移成非农业人口,人口基数取现状集镇区人口,即 4 000 人。参照我国的计划生育政策及当地乡(镇)现状人口特征分析,人口自然增长率至 2015 年取 10‰,2015 ~ 2030 年取 12‰,人口机械增长率考虑到非农业人口向镇区的集中和镇区经济及社会事业的发展对外来人口的吸引,故至 2015 年取 8‰,2015 ~ 2030 年取 10‰。巴马乡(镇)的人口发展模式有别于其他一般的村镇,巴马山水育人瑞,农副土特产品丰富,是国际公认的"长寿之乡"和中国著名的"香猪之乡",长寿资源得天独厚,人口呈现平稳增长的特点。规划考虑至 2015 年,非常住人口 1 500 人,至 2030 年,非常住人口按 3 000 人计,则

2015 年人口 = $4\ 000 \times (1 + 10‰ + 8‰)^7 + 1\ 500 = 6\ 000$(人)

2030 年人口 = $6\ 000 \times (1 + 12‰ + 10‰)^{15} + 3\ 000 = 11\ 000$(人)

2)方法二:指数增长法

$$P_i = P_0 \times (1 + r)^n$$

式中:P_i 为第 n 年的预测人口;P_0 为基年总人口;r 为人口年增长率,包括自然增长率和机械增长率;n 为预测年限。

规划预计乡域人口近期将有较大增长,远期,随着经济社会的发展,人口机械增长率会放慢,则

近期(2015 年)人口 = $0.4 \times (1 + 6\%)^7 = 0.6$(万人)

远期(2030 年)人口 = $0.6 \times (1 + 3\%)^{15} = 0.94$(万人)

综合以上预测结果,考虑到人口发展的弹性,规划确定工程沿线受惠区人口规模为:

近期(2015 年):0.6 万人;

远期(2030 年):1.0 万人。

4.4.3.2 需水量预测

城市用水量与城市工业的发展速度、工业类别和城市现代化程度有着密切的关系,与用水人口的变化息息相关。巴马县城区经济发展速度较快,基础建设日新月异,为合理控制建设规模,本新建工程用水预测参照《巴马瑶族自治县国民经济和社会发展第十二个五年规划纲要》进行,根据该纲要,本工程供水范围包括新老城区及周边的 12.85 km² 范围,人口 12 万人,以及工程沿线的六能村、巴定村和坡腾村的人口 1.0 万人。

1.综合用水量预测

本方法采用《室外给水设计规范》(GB 50013—2006)中的城市综合用水量调查用水量调查表内的参数进行水量预测,具体参数见表 4-2。

表 4-2 城市综合用水量 [单位:L/(人·d)]

分区	特大城市		大城市		中、小城市	
	最高日	平均日	最高日	平均日	最高日	平均日
一	507～682	437～607	568～736	449～597	274～703	225～656
二	316～671	270～540	249～561	214～433	224～668	189～449
三			229～525	212～397	271～441	238～365

注:按规范划分,巴马县城区属一区中的中、小城市。

对一区中的中、小城市,按城市综合用水量定额中最高日 274～703 L/(人·d)控制,同时考虑广西壮族自治区城市综合用水定额,巴马县城区按其综合用水量定额取 600 L/(人·d),则城市需用水量为:0.6×12=7.2(万 m³/d)。

2. 分项用水量预测

1)综合生活用水量

根据《室外给水设计规范》(GB 50013—2006)中的综合生活用水定额中的参数进行综合生活用水量预测,具体参数见表 4-3。

表 4-3 综合生活用水量 [单位:L/(人·d)]

分区	特大城市		大城市		中、小城市	
	最高日	平均日	最高日	平均日	最高日	平均日
一	206～410	210～340	240～390	190～310	220～370	170～280
二	190～280	150～240	170～260	130～210	150～240	110～180
三	170～270	140～230	150～250	120～200	130～230	100～170

注:按规范划分,巴马县城区属一区中的中、小城市。

巴马县城区按综合生活用水量定额中最高日 220～370 L/(人·d)控制,同时考虑广西壮族自治区城市综合生活用水定额和节水型社会建设,则巴马县城区最高日综合生活用水为:0.25×12=3.0(万 m³/d)。

2)其他产业用水量

巴马县以旅游业发展为主,流动人口较多,同时发展工业、商贸流通、信息等产业,用水量按表 4-3 平均日用水量计算,即其他产业综合用水量按平均日用水量 250 L/(人·d)计,则巴马县城区其他产业用水为:0.25×12=3.0(万 m³/d)。

3)总用水量

城市总用水量包括综合生活用水量,其他产业用水量,浇洒道路、绿化和其他市政用水量,此外还应考虑管网漏失和未预见用水量等。根据《室外给水设计规范》(GB 50013—2006),浇洒道路、绿化和其他市政用水量按综合生活及其他产业用水量的 10%计,管网漏失及未预见用水量则按综合生活及工业用水量的 15%计,总用水量结果见表 4-4。

表 4-4   2030 年巴马县城区总用水量

序号	分项	用水量（万 m³/d）	说明
1	生活用水量	3.0	
2	其他产业用水量	3.0	
3	浇洒道路、绿化和其他市政用水	0.6	(1+2)×10%
4	管网漏失及未预见用水量	0.9	(1+2)×15%
5	合计	7.5	

经分项用水量计算，巴马县城区 2030 年需用水量为 7.5 万 m³/d。

3. 工程沿线需水预测

工程沿线的所略乡六能村、巴马镇巴定村、坡腾村均为乡村居点聚居点，工业较少，需水以人畜用水为主，按照《广西乡镇供水工程设计提纲》（区水利厅，2002.5）并参考目前乡（镇）供水的经验，日用水标准按村屯群众 100 L/（人·d）（含牲畜用水），公共与公用建筑用水及消防用水暂不考虑，其他用水（管网损失及未预见水）按最高日供水量的 20% 计取，则 3 个村在 2030 年需提供水量为 0.12 万 m³/d。

4. 工程用水规模

上述用水量计算表明：2030 年巴马县城区及周边农村共需供水量 7.2 万 ~7.5 万 m³/d，输水渠道沿线需供水量 0.12 万 m³/d。考虑到用水储备，特大干旱年时输水线路沿线农村居民点供水需要，本次初步确定巴马城区供水工程 2030 年供水规模为 7.5 + 0.12 = 7.62（万 m³/d）。

巴马城区供水工程现有的两处水源点中，盘阳河通过泵站供水 2.0 万 m³/d，巴定水库通过自流供水 0.5 万 m³/d，合计 2.5 万 m³/d。

综上分析，最终提出将所略水库作为新增水源点，通过新建与改造输水渠道，以巴定水库为中转站，向县城水厂增加日供水能力 5.0 万 m³/d，向沿线 3 个村屯增加日供水能力 0.12 万 m³/d，合计年供水量 1 868.8 万 m³（5.12 万 m³/d）。

4.5   水资源平衡分析

所略水库集雨面积 110.70 km²，水库控制流域植被覆盖率高，水质优良，水源丰富，多年平均年径流量为 9 476 万 m³，水库原总库容 3 640 万 m³，有效库容 2 427 万 m³。由此可见，水库水源充足，能满足年调节要求，本次按年调节计算考虑。

4.5.1   设计水平年、设计保证率

4.5.1.1   设计水平年

现状基准年为 2008 年，设计水平年为 2030 年。

4.5.1.2   设计保证率

城镇生活供水设计保证率为 95%。

发电设计保证率为80%。

4.5.2 供需水量平衡分析

4.5.2.1 需水量分析

本项目是水库扩建工程,水库扩建后需水量由城镇供水量、发电用水量和生态基流组成,同时考虑水库渗漏和蒸发损失。

(1)水库渗漏、蒸发损失:采用原设计成果,即渗漏损失量按每月80 mm水层厚计,蒸发损失量按每月30 mm水层厚计,每月损失总量为110 mm,经计算,水库总损失水量为0.07 m³/s。

(2)生态基流:按年径流的15%考虑,计算成果见本书水文部分。

(3)发电水量:根据原设计,水库按半年蓄水半年发电运行,蓄水期在汛期,故本次发电水量按兴利库容(蓄水量)考虑。

(4)城镇供水量:根据城镇用水情况,并考虑水量损失,经计算,城镇供水总量为0.7 m³/s(考虑沿途渗漏损失并留有一定的安全裕量)。

4.5.2.2 来水量分析

经比较分析后选用的典型为:丰水年 $P=10\%$ 为2002年5月至2003年4月,平水年 $P=50\%$ 为1991年5月至1992年4月,枯水年 $P=80\%$ 为2004年5月至2005年4月,特枯年为2009年5月至2010年4月。径流过程见本书水文部分。

4.5.2.3 供需水量平衡分析

根据来水量与需水量平衡分析计算(见表4-5),平水年(设计保证率为50%)水量充足,亏水总量为61.3万 m³(不含发电水量,下同),发生在9月至翌年3月,通过计算,平水年需水库调节的水量为23.6万 m³;枯水年(设计保证率为80%)总亏水量为424.4万 m³,发生在9月至翌年2月,但其间有15.8万 m³余水量(11月),因此可以计算得出需水库调节的水量为408.6万 m³,即水库需增加的兴利库容不应小于408.6万 m³,即水库的兴利库容不小于2 835.6万 m³(含新增库容408.6万 m³);特枯年(设计保证率为95%)为发电破坏年,水库的任务为城镇供水,通过水量平衡计算,需水库调节的水量为498.6万 m³,来水量大于供水量,满足供水要求。

由此可见,水库扩建后,不仅能满足设计保证率为80%的发电和供水要求,同时正常蓄水位的提高有利于发电,满足经济社会发展要求;设计保证率为95%的发电破坏年,在满足城镇供水的前提下水库可发电,满足水资源调度要求。

4.5.3 正常蓄水位与死水位

由于所略水库流域面积相对较小,径流量与来水量均不大。另外,巴马县属亚热带气候,干湿季节明显,降水主要集中在汛期,非汛期(枯水季节)降水、来水均很少,偏枯年份时坤屯河局部河段甚至会有断流现象出现。因此,在保证水库大坝安全、减少库区永久淹没的前提下,根据供需平衡分析,水库的兴利库容不小于2 835.7万 m³,需水库调节的水量为498.6万 m³,则由水位—库容曲线,正常蓄水位应在582.77 m左右,考虑一定的安全裕度,本次扩容将水库的正常蓄水位取为583.0 m,从而最大限度地发挥水库库容多蓄

（单位：万 m³）

表 4-5　特枯年与枯水年供需水量平衡计算成果

典型年	项目	5月	6月	7月	8月	9月	10月	11月	12月	1月	2月	3月	4月	全年
特枯年	天然来水量	733.4	1 268.5	1 966.9	216.4	367.5	294.9	130.4	198.9	382.7	98.7	90.5	839.3	6 588.1
	需水量	284.6	284.6	284.6	284.6	284.6	284.6	284.6	284.6	284.6	284.6	284.6	284.6	3 415.2
	余水量	448.8	983.9	1 682.3		82.9	10.3			98.1			554.7	3 861.0
	亏水量				68.2			154.2	85.7		185.9	194.1		688.1
枯水年	天然来水量	870.0	1 823.6	1 701.0	921.7	298.6	112.6	316.2	195.7	268.2	202.7	548.6	597.1	7 856.0
	需水量	300.4	300.4	300.4	300.4	300.4	300.4	300.4	300.4	300.4	300.4	300.4	300.4	3 604.8
	余水量	569.6	1 523.2	1 400.6	621.3			15.8					296.7	4 675.4
	亏水量					1.8	187.8		104.7	32.2	97.7	248.2		424.2
平水年	天然来水量	771.9	2 421.5	973.0	1 389.0	296.0	974.0	484.2	464.4	304.6	485.3	295.5	490.6	9 350.0
	需水量	319.1	319.1	319.1	319.1	319.1	319.1	319.1	319.1	319.1	319.1	319.1	319.1	3 829.2
	余水量	452.8	2 102.4	653.9	1 069.9		654.9	165.1	145.3		166.2		171.5	5 582.0
	亏水量					23.1				14.5		23.6		61.2

水优势,增加发电水头,减少弃水量,提高供水效益、发电效益,同时满足河道生态基流的需要。

死水位的确定主要按满足水库功能的水位要求,且满足水库泥沙淤积和取水口的布置要求而定。本次扩容只是对溢流堰进行处理,且是从二级电站前池取水,故死水位和原设计一致,仍为546.0 m。

4.6 防 洪

4.6.1 基本资料

4.6.1.1 水位—库容关系曲线

所略水库水位—库容关系曲线采用2008年9月编制的《所略水库大坝安全评价报告》成果,见表4-6和图4-1。

表4-6 所略水库水位—库容关系

库水位(m)	库容(万 m³)	面积(km²)
525		0.002 5
530	8	0.030
535	31.7	0.065
540	78.2	0.123
545	155.6	0.194
550	288.7	0.297
555	465.3	0.417
560	703.3	0.546
565	1 018.3	0.714
570	1 419.3	0.899
575	1 942.3	1.185
580	2 627.3	1.577
585	3 527.3	2.028
590	4 684.3	2.576

4.6.1.2 水位—泄流量关系曲线

所略水库仅设溢流坝作为泄洪建筑物,无其他泄洪建筑物。溢流坝采用WES型实用堰过流,本次溢流坝段前缘净宽计算采用41.3 m,堰顶高程579.30 m,表孔高低坎差动式挑流消能。

采用《溢洪道设计规范》(SL 253—2000),开敞式WES型实用堰的泄流能力按以下公式计算:

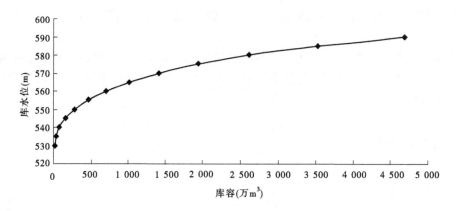

图 4-1　所略水库水位—库容关系曲线

$$Q = cm\varepsilon\sigma_s B \sqrt{2g}H_0^{3/2} \tag{5-1}$$

$$\varepsilon = 1 - 0.2[\zeta_k + (n-1)\zeta_0]\frac{H_0}{nb} \tag{5-2}$$

式中：Q 为流量，m^3/s；B 为溢流堰总净宽，m，定义 $B = nb$；b 为单孔宽度，m；n 为闸孔数目；H_0 为计入行近流速水头的堰上总水头，m，$H_0 = H + v^2/2g$，g 为重力加速度，m^2/s；m 为二维水流 WES 型实用堰流量系数，由表查得；c 为上游堰坡影响系数，当上游堰面为铅直时，$c = 1.0$，当上游堰面倾斜时，c 值由表查得；ε 为闸墩侧收缩系数；ζ_0 为中墩形状系数，与闸墩头伸出上游堰面距离 L_u 及淹没度 h_s/H_0 有关；ζ_k 为边墩形状系数；σ_s 为淹没系数。

式(5-2)适用于 $H_0/b \leqslant 1.0$，当 $H_0/b > 1.0$ 时，H_0/b 仍取值 1.0。

根据式(5-1)、式(5-2)，计算其泄流能力，得水位—泄流量关系，成果见表 4-7 和图 4-2。

表 4-7　所略水库水位—泄流量关系

$H(\mathrm{m})$	$Q(\mathrm{m^3/s})$	$H(\mathrm{m})$	$Q(\mathrm{m^3/s})$
579.3	0.00	585.3	1 280.61
579.8	28.02	585.8	1 447.54
580.3	78.98	586.3	1 631.30
580.8	144.60	586.8	1 813.40
581.3	221.87	587.3	2 002.30
581.8	309.01	587.8	2 185.06
582.3	408.51	588.3	2 372.10
582.8	533.99	588.8	2 563.21
583.3	661.50	589.3	2 758.18
583.8	803.46	589.8	2 956.82
584.3	957.43	590.3	3 158.94
584.8	1 114.29		

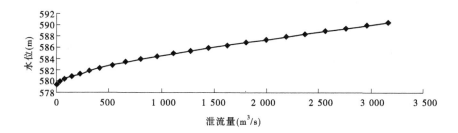

图 4-2　所略水库水位—泄流量关系曲线

4.6.2　调洪计算

4.6.2.1　起调水位选择

起调水位根据水库兴利调节计算的成果,采用583.00 m。

4.6.2.2　调洪运用方式

采用有闸控制方式,调度方式为:当入库流量小于正常蓄水位下泄能力时,按来量下泄;当来水流量大于正常蓄水位下泄能力时,闸门全开,自由下泄;水库水位降至正常蓄水位时,再按来量控制下泄,保持正常蓄水位运行。

4.6.2.3　调洪计算及成果分析

根据所略水库泄流建筑物条件、防洪调度原则和要求、水库调度运行方式等,按本次复核的设计洪水成果,采用静库容法进行调节计算。调节计算的基本原理是联解水库的水量平衡方程和蓄泄方程,求解方法采用半图解法,即

$$\Delta W = \frac{1}{2}(Q_{t+1} - Q_t)\Delta t - \frac{1}{2}(q_{t+1} - q_t)\Delta t$$

$$q_t = f(Z_t)$$

式中:W 为水库蓄水量,万 m^3;Q 为入库流量,m^3/s;q 为出库流量,m^3/s;Z 为库水位,m。

所略水库调洪过程见表4-8、图4-3、表4-9、图4-4,调洪成果见表4-10。

表 4-8　所略水库 $P = 0.2\%$ 调洪过程

时段(h)	入流量(m³/s)	出流量(m³/s)	水位(m)	库容(万 m³)
0	2	2	583.000	3 167.300
1	22.4	22.4	583.000	3 167.300
2	42.8	42.8	583.000	3 167.300
3	63.1	63.1	583.000	3 167.300
4	83.5	83.5	583.000	3 167.300
5	104	104	583.000	3 167.300
6	124	124	583.000	3 167.300
7	145	145	583.000	3 167.300
8	442	442	583.000	3 167.300

続表 4-8

时段(h)	入流量(m³/s)	出流量(m³/s)	水位(m)	库容(万 m³)
9	740	617	583.124	3 189.440
10	1 040	733	583.553	3 266.840
11	1 340	944	584.256	3 393.380
12	1 630	1 200	585.064	3 542.060
13	1 810	1 420	585.707	3 689.660
14	1 440	1 510	585.956	3 747.260
15	1 170	1 420	585.707	3 689.660
16	904	1 260	585.231	3 580.580
17	637	1 030	584.544	3 445.760
18	317	774	583.697	3 292.760
19	287	407	583.120	3 188.900
20	249	249	583.000	3 167.300
21	211	211	583.000	3 167.300
22	173	173	583.000	3 167.300
23	135	135	583.000	3 167.300
24	97.3	97.3	583.000	3 167.300
25	74.5	74.5	583.000	3 167.300
26	70.4	70.4	583.000	3 167.300
27	67.4	67.4	583.000	3 167.300
28	64.5	64.5	583.000	3 167.300
29	61.5	61.5	583.000	3 167.300
30	58.6	58.6	583.000	3 167.300
31	55.6	55.6	583.000	3 167.300
32	52.7	52.7	583.000	3 167.300
33	49.7	49.7	583.000	3 167.300
34	46.8	46.8	583.000	3 167.300
35	45	45	583.000	3 167.300

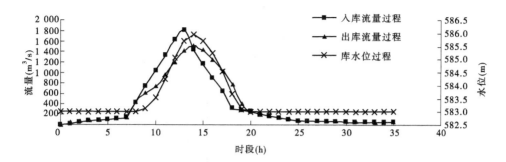

图 4-3　$P=0.2\%$ 调洪过程入、出库流量时程曲线

表 4-9　所略水库 $P=2\%$ 调洪过程

时段(h)	入流量(m³/s)	出流量(m³/s)	水位(m)	库容(万 m³)
0	2	2	583.000	3 167.300
1	14.5	14.5	583.000	3 167.300
2	27	27	583.000	3 167.300
3	39.4	39.4	583.000	3 167.300
4	51.9	51.9	583.000	3 167.300
5	64.4	64.4	583.000	3 167.300
6	236	236	583.000	3 167.300
7	407	407	583.000	3 167.300
8	578	578	583.000	3 167.300
9	749	618	583.131	3 190.880
10	920	710	583.472	3 252.260
11	1 140	855	583.967	3 341.360
12	1 040	966	584.327	3 405.980
13	880	963	584.317	3 404.360
14	726	887	584.072	3 360.440
15	572	777	583.707	3 294.560
16	418	653	583.267	3 215.360
17	263	279	583.016	3 170.180
18	171	171	583.000	3 167.300
19	147	147	583.000	3 167.300
20	130	130	583.000	3 167.300
21	113	113	583.000	3 167.300
22	95.5	95.5	583.000	3 167.300

时段(h)	入流量(m³/s)	出流量(m³/s)	水位(m)	库容(万 m³)
23	73.3	73.3	583.000	3 167.300
24	71.1	71.1	583.000	3 167.300
25	68.1	68.1	583.000	3 167.300
26	65	65	583.000	3 167.300
27	61.9	61.9	583.000	3 167.300
28	58.9	58.9	583.000	3 167.300
29	55.8	55.8	583.000	3 167.300
30	52.8	52.8	583.000	3 167.300
31	49.7	49.7	583.000	3 167.300
32	46.7	46.7	583.000	3 167.300
33	42.7	42.7	583.000	3 167.300

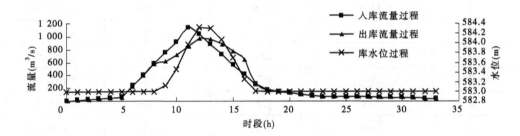

图 4-4　$P=2\%$ 调洪过程入、出库流量时程曲线

表 4-10　本次所略水库洪水调节成果

频率	洪峰流量 (m³/s)	洪水总量 (万 m³)	最大泄量 (m³/s)	最高水位 (m)
$P=0.2\%$	1 811	4 788	1 510	585.96
$P=2\%$	1 142	3 250	966	584.33

由以上调洪计算可知,校核洪水($P=0.2\%$)下,本次调洪计算的最高水位为 585.96 m,与 2008 年 9 月广西壮族自治区水利电力勘测设计研究院所做的大坝安全评价报告成果相差不大,主要是由于水文系列资料的延长。

综上分析,所略水库扩容后,设计洪水标准为 50 年一遇洪水($P=2\%$),下泄流量 966 m³/s,设计洪水位 584.33 m,相应库容 3 405.98 万 m³;校核洪水标准为 500 年一遇洪水($P=0.2\%$),下泄流量 1 510 m³/s,校核洪水位 585.96 m,相应库容 3 747.26 万 m³;正常蓄水位 583.0 m,相应库容 3 167.3 万 m³,有效库容 2 967.3 万 m³,死水位 546.0 m,相应库容 200 万 m³。

4.7　水源保护的要求

目前,巴马县自来水水源主要为位于县城北部的盘阳河。盘阳河是巴马县境内较大的河流,源头起于凤山县及巴马县那社,上游暗流 33.3 km,境内表流 67.1 km,从西北流向东南汇入红水河,贯穿县境内中部,流经甲篆、巴马等乡(镇)26 个屯。随着区域经济的发展,特别是盘阳河工业区的开发,巴马县工业量的迅猛扩大,对水资源的需求提出更多更高的要求,为此,规划新增所略水库为水源点,作为应急备用水源,并提高沿线乡屯用水保证率。所略水库扩容工程为规划的实施提供了有利条件:从水库大坝至县城直线距离 33 km,水库正常蓄水位 583.0 m,巴马水厂地表高程约 300 m,可以利用自然高差,向水厂输水;水库为年调节水库,可以保证枯水期供水量的需要;水库蓄水量大,水体环境容量大,水污染缓冲能力大,有利于保证水质安全;库区人口少,生态环境良好,没有工业污染源及大型禽畜养殖场,水质良好等,这些都使得所略水库具备了作为巴马县应急备用水源的有利条件,同时将解决现有水源水质污染问题,最大限度地发挥盘阳河的综合水体功能,为地方经济腾飞提供环境容量资源,对区域的经济发展和社会进步起到重要的促进作用。

为实现上述目标,保证供应规划水量,保护库区水质,以满足生活饮用水源水质要求,对库区提出如下环境保护措施。

(1)划定水源保护区。

扩容后,应把库区水域和周围一定陆域范围内,划为水源保护区,将二级站前池和一定陆域范围内划为饮用水源一级保护区;并严格执行水源保护区的规定,控制人类开发与生产活动。

(2)植树造林、封山育林,保护生态环境。

坤屯河流域森林茂密,植被覆盖率高,自然生态环境良好。扩容后,在现有良好的生态环境基础上,应进一步植树造林,封山育林,并做好森林防火工作。

(3)合同发展农业。

库区及水源林保护区内的农村应以发展油茶、菌类和竹木业农业产品为主,严格控制垦荒地,禁止毁林造地,禁止在坡度大于 25°的坡地耕作,不宜发展大型禽畜养殖场。

(4)控制农药化肥污染。

库区及水源林保护区内,农业生产应积极推广生物肥和农家肥,减少和控制化肥使用量,禁止使用高毒性、高残留量、残留期长的化肥、农药。

(5)大力普及发展沼气。

农村普及发展沼气,既可以将人、蓄粪便进行无毒化、减量化处理,又为农村生活提供能源,从而减少居民生活对柴草的消耗,保护生态环境。

(6)禁止工业污水排入库区。

库区内不宜建设有污水排放的工业企业和其他乡镇企业。

(7)如果库区作为生活饮用水源地,应在库区内禁止开展各种旅游活动。

(8)加强库区水质监测、管理。

设置水质监测、监督机构,配备水质监测、监督管理人员,随时了解、掌握库区化肥、农药使用情况和各种突发性排污事件,定期进行水质取样的监测。

第 5 章　工程布置与主要建筑物

5.1　工程等别和设计安全标准

5.1.1　工程等别、建筑物级别

所略水库是广西壮族自治区"十二五"规划范围内推荐的重点水源点,水库位于巴马县所略乡境内,水库流域属于珠江流域西江水系红水河一级支流灵奇河的支流坤屯河上。

坝址处控制集雨面积 110.7 km²,多年平均流量 3.00 m³/s,多年平均径流量 9 475.6万 m³。水库设计洪水位 584.33 m、校核洪水位 585.96 m、正常蓄水位 583.0 m,兴利库容 2 967.3 万 m³,工程总库容 3 747.26 万 m³,为年调节水库。

现状所略水库是以发电为主,兼有防洪功能。本次水库扩容的主要任务是解决巴马城区、城区周边及输水渠道沿线所略乡、巴马镇的所缺用水,同时尽量减少对原梯级电站发电效益的影响,即水库功能调整为以供水、发电为主,兼顾防洪功能。

根据《防洪标准》(GB 50201—2014)、《水利水电工程等级划分及洪水标准》(SL 252—2017)、《室外给水设计规范》(GB 50013—2006)及《水工混凝土结构设计规范》(DL/T 5057—2009)的有关规定,所略水库工程为Ⅲ等,工程规模为中型工程,挡水建筑物、泄水建筑物、引水建筑物为 3 级建筑物,相应水工建筑物结构安全级别为Ⅱ级;次要建筑物为 4 级建筑物,相应水工建筑物结构安全级别为Ⅲ级。输水渠道引用流量小于 5 m³/s,为 5 级建筑物。

5.1.2　洪水标准

所略水库总库容 3 747.26 万 m³,属于中型水利枢纽工程的分等指标范围,工程下游无重要城镇、工矿企业及交通干线等,且本次扩容后的校核洪水位与设计洪水位均低于原设计相应水位,因此工程各建筑物防洪标准与原设计及安全鉴定一致。

(1)混凝土双曲拱坝按 50 年一遇($P = 2\%$)洪水设计,500 年一遇($P = 0.2\%$)洪水校核。

(2)引水渠道及渠系建筑物按 10 年一遇($P = 10\%$)洪水设计。

5.1.3　抗震设计标准

按 1∶400 万《中国地震动参数区划图》(GB 18306—2015),工程区地震动峰值加速度为 0.05g,地震动反应谱特征周期为 0.35 s,对应地震基本烈度Ⅵ度,区域构造稳定性好。根据《水工建筑物抗震设计规范》(DL 5073—2018),不进行地震作用计算。

5.1.4 工程总布置

本次水源工程主要是通过对所略水库进行扩容及新建、改造输水渠道,将所略水库的原水输送到巴马水厂,满足县城、城区周边及工程沿线经济社会发展用水需要。对所略水库扩容后,通过改造后的原总干渠,将原水输送到二级站前池,再通过新建的输水管道,将水从二级站前池引至巴定水库,以巴定水库作为中转水库,经由改造后的原巴定水库至巴马水厂的输水渠道,将水输送至巴马水厂,输水渠道总长 25.742 km。同时在输水渠道上预留接口,以满足工程沿线所略乡六能村、巴马镇巴定村与坡腾村居民的用水需求。

5.2 设计依据

5.2.1 主要技术规范

(1)《防洪标准》(GB 50201—2014)。
(2)《水利水电工程等级划分及洪水标准》(SL 252—2017)。
(3)《水利水电工程可行性研究报告编制规程》(SL 618—2013)。
(4)《混凝土拱坝设计规范》(SL 282—2018)。
(5)《溢洪道设计规范》(SL 253—2018)。
(6)《水工隧洞设计规范》(SL 279—2016)。
(7)《水力计算手册》(第二版,中国水利水电出版社)。
(8)《室外给水设计规范》(GB 50013—2006)。
(9)《水工挡土墙设计规范》(SL 379—2007)。
(10)《水工混凝土结构设计规范》(DL/T 5057—2009)。
(11)《水工建筑物抗震设计规范》(SL 5073—2018)。
(12)《水工建筑物荷载设计规范》(DL 5077—1997)。
(13)《混凝土坝安全监测技术规范》(DL/T 5178—2016)。
(14)《城镇供水长距离输水管(渠)道工程技术规程》(CECS 193—2005)。
(15)《水利水电工程设计工程量计算规定》(SL 328—2005)。

5.2.2 相关文件

(1)《巴马县国民经济和社会发展第十二个五年规划纲要(草案)》。
(2)《巴马瑶族自治县县城总体规划(2009~2030)》广西华蓝设计(集团)有限公司。
(3)《巴马瑶族自治县抗旱救灾工作总结》巴马县水利局,2010.5.10。
(4)《河池市城市饮用水水源地安全保障规划》河池市水利局,2006.5。
(5)其他相关文件。

5.3 基础资料

5.3.1 水文气象资料

5.3.1.1 气象资料

坝址多年平均降水量:1 560 mm;

坝址多年平均气温:20.6 ℃。

5.3.1.2 水文参数

坝址控制流域面积 110.7 km², 水库多年平均径流量 9 475.6 万 m³, 多年平均流量 3.0 m³/s。

5.3.1.3 泥沙资料

多年平均沙量为 1.58 万 m³/年。

5.3.2 供水资料

正常蓄水位:583.0 m。

水库死水位:546 m。

城镇及沿线最大供水规模:5.12 万 m³/d(0.593 m³/s)。

渠道最大供水流量:0.7 m³/s(含渗漏损失并考虑一定裕度)。

5.3.3 地质参数

地质参数见表 5-1。

表 5-1　坝基及坝肩相关岩体参数建议值

参数		弱风化石英砂岩、粉砂岩夹泥岩(T_2b^{2-6})	弱风化粉砂岩、夹泥岩、细砂岩(T_2b^{2-7})	节理结构面	左坝肩坍滑体
天然重度 γ (kN/m³)		26	26		20
容许承载力 R(kPa)		3 000	2 500		200
弹性模量 E(GPa)		5	4		
抗剪断强度（混凝土与岩体）	f'	0.8	0.7		
	e'(MPa)	0.7	0.5		
抗剪断强度（岩体）	f'	0.7	0.65		
	e'(MPa)	0.5	0.4		
摩擦系数 f		0.7	0.6	0.5	0.4
饱和抗压强度(MPa)		30	25		
抗拉强度(MPa)		15	12		
泊松比		0.25	0.25		

5.4 枢纽工程续建扩容设计

5.4.1 工程现状及存在问题

5.4.1.1 工程现状

所略水库早于1970年开始勘测设计,施工同时挖掘隧洞,后因地质问题,将坝址上移至现址,因资金不落实,工程停建。1984年广西壮族自治区水电厅下达重新勘测设计任务,同年7月广西河池水利电力勘测设计研究院编报了《所略水库电站群设计任务书》,9月区水电厅以桂水电设〔1984〕第052号文批准。1985年11月广西河池水利电力勘测设计研究院呈报《巴马瑶族自治县所略水库梯级电站初步设计书》,1986年6月区水利厅以桂水电技字〔1986〕第38号文批复,同意兴建所略水库拱坝及三座梯级电站,总装机9 460 kW。四级站当时未批,2005年另新设计另批复。工程于1987年年底开工,1993年5月二级电站利用大坝施工期蓄水发电,装机2×2 500 kW。1995年10月一级电站2×630 kW并网发电。1996年所略水库拱坝建成。2004年3月三级电站投入运行,装机2×1 600 kW。四级站于2006年开始施工,装机2×1 400 kW。4座梯级电站总装机12 260 kW。

所略水库大坝设计洪水标准为50年一遇洪水($P=2\%$),下泄流量855 m^3/s,相应库水位584.27 m;校核洪水标准为500年一遇洪水($P=0.2\%$),下泄流量1 371 m^3/s,相应库水位585.71 m。

1. 大坝

所略水库大坝是混凝土双曲拱坝,坝高65.5 m。坝顶上游面半径126.589 6 m,坝顶上游面弧长245.053 m,坝顶弧长208.543 m,坝顶中心角110.913 1°,底拱中心角59°;坝底厚15.5 m,顶厚4.0 m。非溢流坝顶高程586.50 m,溢流堰顶高程为580.0 m,采用表孔高低坎差动式挑流消能,溢流前缘净宽42.5 m。

2. 引水系统

引水管道布置在右岸,由进水口、压力钢管两部分组成。进水口底板高程为546.0 m。压力管道采用单管分岔供水形式,主管直径1.6 m,长130.0 m,岔管直径为1.2 m,支管各长22 m,管道中心线高程546.8 m。

3. 坝后引水式电站

一级站厂房位于大坝下游右岸边,为地面开敞式厂房,厂房上游墙离拱坝下游面142 m,主厂房长22.7 m,高10.9 m,发电机层地板高程547.3 m,厂内安装2台630 kW水轮发电机组,副厂房位于主厂房下游侧,长18.6 m,宽16.8 m,高5.4 m,地板高程与发电机层相同,为547.3 m。

开关站位于主厂房上游侧,面积为30 m×10 m,地面高程548 m,进厂公路经过开关站的左侧基本平行于河流方向布置。发电尾水直接进入引水总干渠内,供下游3座梯级电站发电使用。

4. 二道坝

二道坝位于拱坝下游 110 m,为埋石混凝土重力坝,坝顶高程 532.79 m,坝长 70 m,最大坝高 10 m,为坝下消能设施。

5.4.1.2 存在问题

2008 年 9 月,广西水利电力勘测设计研究院对所略水库大坝进行了安全综合评价,将其评定为二类坝,提出的主要问题如下。

1. 大坝

(1)大坝坝顶防浪墙和栏杆结构满足规范要求,但部分栏杆支柱顶部已开裂破坏,危及扶手稳定安全;坝体内观测廊道长期积水,无照明及无抽水设施,无法通行;坝后栈道未完建;放空孔闸门无法开启,闸门启闭设备未配置完善;无安全监测系统。

(2)左坝肩修筑乡村公路时造成人工边坡,坡度较陡,改变了应力分布,在强降雨作用下,很可能导致边坡滑体局部或整体重新滑动失稳,应做好该古坍滑体的排水设施和观测,宜做部分清除及支护。

2. 工程质量

大坝坝体混凝土局部振捣不密实,有蜂窝麻面,水库水位在 580 m 左右时,下游坝面有 7 处明显漏水点,漏水量估计达 0.02 m³/s。

3. 运行管理

(1)水库除在大坝上游坝面刻有水尺以便水位观测设施外,未设有其他监测设施,水位采用人工观测,但观测制度不完善,没有形成系列资料,且记录未整编成册,管理不善,无法做检测分析。

(2)防汛抢险公路从巴所乡级公路岔开后至水库坝首,总长 3.0 km 左右,均为泥路,雨天通车困难,万一出现险情,抢险物资无法及时送到,对水库工程的防汛抢险及管理工作极为不利,而且左岸坝首仅有一平台能做回车场地和抢险物资备存地,已被民房侵占作为商贸交易场所。

(3)水库通信设施落后,无机动车辆、船只,对水库运行管理不便。

5.4.1.3 安全评价建议

(1)更换放空孔检修闸门,完善启闭设施。

(2)按现实标准和要求,重新完善大坝安全监测系统,按自动化监控和预测要求,建立水库水情、雨情和大坝位移、变形、渗漏量观测系统,为掌握大坝安全性提供基础。

(3)按有关规范和根据实际需要,核实水库管理定员编制,配备专职技术人员(如水库大坝观测等),通过再教育提高水管所职工业务素质。制定相关负责人责任制,确保水库管理和运行维护经费按时足额到位,改善运行管理硬件条件(例如,修建枢纽区、生活办公区围墙,添置大坝枢纽照明设施、办公和档案资料管理设施等),提高管理人员荣誉感和责任感,调动及时进行工程养护的积极性,确保工程正常安全运行。

(4)根据有关规程规范,建立建筑物和设施操作运行规程以及日常养护制度,完善管理规章,明确管理责任,严格按规程操作,按规章制度执行,认真开展好各项工作。

(5)据原设计规划,下阶段研究溢洪坝加设闸门或橡胶坝设施,以提高水库正常蓄水位,增加下游 4 座梯级电站的发电效益。

由于资金紧张,大坝施工完后,坝后工作栈道未建,溢洪道、左侧坝肩山体、进库及坝顶交通、坝后消力池、监测系统等尚未完善配套,枢纽工程也未进行最终的完工验收,不具备向沿途乡(镇)乃至县城供水的功能。因此,根据上述安全评价结论与建议,结合水库工程运行及现状,本次对水库进行续建配套及扩容,完善相关设施,提高运行管理水平,发挥枢纽的综合效益,使之成为巴马县重要的水源地。

5.4.2 水库扩容方案

所略水库大坝为高65.5 m的双曲拱坝,坝址位于V字形河谷中,根据安全鉴定(广西壮族自治区水利电力勘测设计研究院,2008年9月)可知,左、右坝肩所在山体雄厚,坝基、坝肩岩体稳定,且施工时均开挖到弱风化带,坝基岩体工程地质分类为Ⅲ类,坝体与基岩接触带胶结良好,建基面符合设计要求。

从现状坝址位置与走向来看,左坝肩支撑面位于山棱体下方,且古坍滑体前沿高程555 m,后沿高程630 m,厚度达6~13 m;左坝头乡村公路的高程587.92~588.55 m,使得大坝已不具备加高的地形地质条件,故本次扩容主要是针对溢流坝段进行,将敞泄式溢流堰改建为控制泄流形式,从而提高正常蓄水位、扩大有效库容、减少汛期下泄洪量(弃水),增加水库的综合效益。

为尽量减少对大坝结构的破坏,保持坝体的整体性,根据现状溢流堰结构,拟将上游的弧形悬挑部分从顶部削去0.7 m,即将溢流堰顶高程从580.0 m降为579.3 m;顶部平台两边根据现状做成弧形衔接以利于过水,前端悬挑部从下部进行补强。由前述水文分析及调洪计算可知,对库容及坝体整体安全性影响最小,可以满足要求。

根据水库运行及大坝结构现况,本次拟定了2种将溢流堰改建为控制泄流形式的工程方案:橡胶坝、液压启闭闸。

5.4.2.1 橡胶坝方案

1.坝型选择

橡胶坝,又称橡胶水闸,是用高强度合成纤维织物做受力骨架,内外涂敷橡胶做保护层,加工成胶布,再将其锚固于底板上成封闭状的袋式挡水坝。按坝袋内充胀介质的不同,橡胶坝可分为充水式橡胶坝、充气式橡胶坝和水气混合式橡胶坝。水气混合橡胶坝的坝袋内部分充水,部分充气,它利用了充水橡胶坝气密性要求低和充气式橡胶坝坍坝迅速的特点,但这需要两套设备,管理及运用麻烦,因此水气混合式橡胶坝现在应用很少。充水式橡胶坝在坝顶溢流时袋形比较稳定,振动小,过水均匀,对下游河床冲刷较小,且充水式橡胶坝气密性要求相对较低。而充气式橡胶坝具有较大的压缩性,在坝顶溢流时会出现凹口现象,造成水流集中,对下游河道冲刷较强,且充气式橡胶坝气密性要求高。我国现已建成的橡胶坝多为充水式橡胶坝,因此本工程采用充水式橡胶坝。

目前,我国橡胶坝研制发展主要为两种类型,即堵头式和斜坡式。堵头式橡胶坝原创自我国,是我国橡胶坝的特色之一;斜坡式橡胶坝是堵头式橡胶坝的改进类型,采用完全锚固,没有堵头挤压止水。为了提高工程质量和运行可靠性,根据溢流坝段两侧墙现状,本工程橡胶坝采用堵头式橡胶坝。

2. 总体布置

橡胶坝采用弧线形布置在溢流堰顶上,中心长度 44.5 m,高程为 579.3 m,坝袋净高 3.7 m,设计正常挡水位 583.0 m,坝底板顺水流方向长度 7.00 m,底板设前后齿墙,以增加坝体抗滑稳定性。充水水泵及其他辅助装置设在溢洪道端墙顶上。根据《橡胶坝技术规范》(SL 227—1998),充水橡胶坝内外压比值宜选用 1.25 ~ 1.60,安全系数应不小于 6.0。经技术经济比较,本次压比值选择 $\alpha = 1.3$,坝袋型号为:JBD4.0 - 300 - 2,胶布型号为:J300300 - 2,胶布径向、纬向强度均为 600 kN/m,坝袋设计安全系数为 10,满足规范要求。该橡胶坝坝袋采用双锚固线形式锚固,锚固槽为暗槽设置,锚固槽回填后与溢流堰表面及两边斜坡齐平,以减小坍坝时夹裹树木杂质对坝袋的磨损。坝袋上下游及堵头处锚固线采用外锚固,该锚固形式施工方便,止水效果良好。

5.4.2.2 液压启闭闸方案

1. 闸门形式选择

根据工程任务,水闸主要有挡水、排洪要求,可供选用的闸门有直升式平面闸门或弧形闸门。它们的共同特点是需要闸墩支承,开门时,闸门可以停留在各种位置,保持部分开启的状态,因而控制水位和流量都比较灵活。闸门可以提出水面,随时检查修理,比较安全可靠,由于这类闸门的支承受力条件和机械启门能力受到限制,闸门的跨度不能过大。平面闸门结构简单,可以移出孔口互换使用,高度较大时,可以沿高度把闸门分成几段,有利于排沙、排冰或泄放漂流物,能适应较大的挡水高度,但是它需要的启门力比较大;弧形闸门具有重量轻、受力条件好、比同跨度平面闸门要求的启闭机容量小、不需设置门坎、过闸水流流态好等优点,但它需要的闸室宽度较大。综合考虑以上因素及双曲拱坝工程现状,水闸工作闸门采用直升式平面闸门方案。

2. 启闭机方案

常用的闸门启闭机主要有卷扬式、螺杆式和液压式三种。固定卷扬式启闭机是应用最广泛的一种启闭机,其定型产品有 2 种,一种是卷扬式平面闸门启闭机,另一种是卷扬式弧形闸门启闭机。固定卷扬式启闭机适用于闭门时不需施加压力,且要求在短时间内全部开启的闸门,一般每孔布置一台。螺杆式启闭机一般只适用于小型水闸,因其闸门尺寸和要求的启闭力都很小,常用螺杆式启闭机,使用简便,价格便宜。液压式启闭机是一种比较理想的启闭设备,其优点是利用液压原理,可以用较小的动力获得很大的启门力;同时机体体积小、重量轻,当闸孔较多时,可以降低机房、管路以及工作桥的工程造价;此外,液压传动比较平稳和安全(有溢流阀,超载时起自动保护作用),并较易实现遥测、遥控和自动化。液压式启闭机缺点是对金属加工条件要求较高,加工精度的高低对液压启闭机的使用效果影响较大,同时设计选用时要注意解决闸门起吊同步的问题,否则会发生闸门歪斜卡阻的现象。综合考虑,本次选用液压式启闭机。

3. 总体布置

水闸为露顶液压启闭式平面闸门,液压启闭机型号为 QPPYⅠ-2×160-8。闸门底板高程取与溢流堰顶一致,为 579.3 m,分 5 孔,中间 3 孔的闸孔尺寸为 $b \times h = 8.2 \text{ m} \times 3.7 \text{ m}$,两边 2 孔的闸孔尺寸为 $b \times h = 8.35 \text{ m} \times 3.7 \text{ m}$,合计水闸过水总净宽 41.3 m,4 个闸墩均为厚 0.8 m 的尖圆形钢混结构,闸门槽深 0.25 m,中间壁厚 0.3 m。

5.4.2.3 两方案比选

由上述可知,橡胶坝与闸门方案均可以满足本次扩容要求。

橡胶坝作为活动坝,行洪期间坍坝,河道有效行洪断面基本上不会缩小,不影响河道行洪,运行安全,管理方便;但橡胶坝由于本身材质,对坍落度有一定限制,运行调度不够灵活,对于本工程来说,不能满足汛期来水时人工干预下的灵活调度,从而确保水库大坝安全的要求。

液压式闸门方案分5孔,启闭灵活,调度方便,可以根据汛期来水及水库调度要求,灵活控制闸门开度及孔数,露顶式平面闸门检修更换也方便。

综上所述,本次水库扩容方案选择在溢流堰顶加设5孔露顶式液压平面闸门方案。

5.4.3 拱坝位移与应力计算

5.4.3.1 计算方法

大坝变形和应力分析采用有限元法,并与实测相验证,成果基本吻合。大坝拱座稳定采用刚体极限平衡法进行计算,并按照《混凝土拱坝设计规范》(SL 282—2018)的要求进行。

5.4.3.2 计算条件

1. 水位及淤沙资料

正常蓄水位583.0 m。

设计洪水位584.33 m,相应尾水位537.60 m。

校核洪水位585.96 m,相应尾水位539.22 m。

淤沙高程545.0 m。

2. 温度取值

坝体表面升温和降温值按《混凝土拱坝设计规范》(SL 282—2018)附录B中相应公式计算,具体计算过程如下:

下游面温度的年变化过程可按下列公式计算:

$$T_a = T_{am} + A_a \cos\omega(\tau - \tau_0)$$

$$T_{am} = \frac{1}{12}\sum_{i=1}^{12} T_{ai}$$

$$A_a = (T_{a7} - T_{a1})/2$$

$$\omega = 2\pi/p$$

式中:T_a 为多年月平均气温,℃;T_{am} 为多年年平均气温,℃,根据资料取18.8 ℃;A_a 为多年平均气温年变幅,℃;τ 为时间变量,月;τ_0 为初始相位,月,纬度高于30°地区,取6.7月;ω 为圆频率;P 为温度变化周期,月,取 $P = 12$;T_{ai} 为 i 月多年平均气温,℃;T_{a1}、T_{a7} 为1月、7月多年平均气温,℃。

计算得 $T_a = 18.8 + 8.05 \times \cos\frac{6}{\pi}(\tau - 6.7)$,则温降对应的下游面温度:$T_{a1} = 10.8$ ℃;温升对应的上游面温度:$T_{a7} = 26.7$ ℃。

上游面温度的年变化过程按下面方法进行计算:

水上部分的温度等于气温,与下游面温度计算方法一致;

水下部分坝前水温变化过程,在初步设计阶段可按下面公式计算:

$$T_w(y,\tau) = T_{wm}(y) + A_w(y)\cos\omega[\tau - \tau_0 - \varepsilon(y)]$$

式中:$T_w(y,\tau)$ 为水深 y 处、τ 时的多年平均水温,℃;y 为水深,m;τ 为时间,月;τ_0 为气温年周期变化过程的初始相位,取 6.7 月;$T_{wm}(y)$ 为水深 y 处的多年平均水温;$A_w(y)$ 为水深 y 处的多年平均水温年变幅;$\varepsilon(y)$ 为水深 y 处的水温年周期变化过程与气温年周期变化过程的相位差,月。

计算得:$T_w(y,\tau) = 21.87e^{-0.01y} + 9.2e^{-0.025y}\cos\omega[\tau - 6.7 - 0.53 - 0.03y]$,对各月的不同水深下的边界温度计算,结果如表 5-2 所示。

表 5-2　各月不同水深下的边界温度值

水深 (m)	各月水温值(℃)											
	1 月	2 月	3 月	4 月	5 月	6 月	7 月	8 月	9 月	10 月	11 月	12 月
0.0	12.7	13.4	16.4	20.8	25.5	29.2	31.0	30.9	27.4	23.0	18.3	14.5
6.0	12.9	13.1	15.3	18.9	23.0	26.5	28.3	28.4	25.9	22.3	18.2	14.7
16.0	12.9	12.5	13.8	16.4	19.6	22.5	24.4	24.8	23.5	20.9	17.7	14.8
26.0	12.7	12.1	12.7	14.4	16.8	19.2	21.0	21.7	21.0	19.2	16.9	14.5
36.0	12.4	11.6	11.8	12.9	14.6	16.6	18.2	19.0	18.8	17.6	15.9	13.9
46.0	11.9	11.0	11.0	11.6	12.9	14.4	15.7	16.7	16.7	16.0	14.7	13.2
56.0	11.3	10.5	10.2	10.6	11.5	12.6	13.7	14.7	14.8	14.4	13.5	12.4
65.5	10.6	9.9	9.6	9.7	10.3	11.2	12.1	13.1	13.1	13.0	12.4	11.5

注:温降水温对应 1 月,温升水温对应 7 月。

3. 大坝坝基及坝肩力学参数

大坝抗滑稳定计算、大坝变形分析、大坝应力分析计算所采用的坝基及坝肩材料力学参数见表 5-1 和表 5-3。

表 5-3　坝体及坝基材料力学特性

材料类别		容重(kN/m³)	弹模(MPa)	泊松比(μ)
混凝土 150#		24	2.2×10^4	0.2
混凝土 200#		24	2.55×10^4	0.2
岩体 1	深灰色中厚层粉砂层夹薄层泥岩及少量细砂岩	26	0.15×10^4	0.24
岩体 2	深灰色中厚层粉砂岩夹泥岩、细砂岩	26	0.12×10^4	0.24
岩体 3	中厚层石英砂、粉砂岩夹泥岩	26	0.09×10^4	0.24
岩体 4	中厚层泥岩夹薄层石英砂岩、粉砂岩	26	0.11×10^4	0.24
岩体 5	厚层石英细砂岩夹少量泥岩	26	0.05×10^4	0.24
岩体 6	厚层泥岩夹少量薄层石英细砂岩	26	0.10×10^4	0.24

4.大坝坝体各层几何参数

本次大坝变形分析、大坝应力分析和大坝抗滑稳定分析所采用的坝体几何参数如表5-4所示。

表5-4　坝体各层几何参数

高程（m）	右半中心角（°）	左半中心角（°）	中心角（°）	实际拱厚（m）	外半径（m）	内半径（m）	曲率半径（m）
586.50	56.812	54.101	110.913	4.000	126.590	122.290	124.440
577.70	54.345	52.117	106.462	5.263	121.939	116.376	119.158
568.90	51.023	49.384	100.407	6.471	116.251	109.481	112.866
560.10	46.880	45.812	92.692	7.580	109.174	101.294	105.234
551.30	41.919	41.228	83.147	8.700	100.493	91.494	95.993
542.50	36.111	35.380	71.491	10.090	90.134	79.744	84.939
533.70	29.400	27.932	57.332	12.164	78.160	65.696	71.928
524.90	21.695	18.468	40.163	15.484	64.772	48.988	56.880
521.00	17.933	13.503	31.435	17.536	58.471	40.635	49.553

5.4.3.3　控制指标

根据《混凝土拱坝设计规范》（SL 282—2018）坝体的主压应力和主拉应力,用拱梁分载法计算时,应符合表5-5应力控制指标的规定。

表5-5　大坝允许应力

类别	荷载组合情况	允许应力
允许拉应力（MPa）	基本组合	1.2
	特殊组合	1.5
允许压应力（MPa）	基本组合	5.0
	特殊组合	5.5

而用有限元法计算时,应补充计算"有限元等效应力"。按"有限元等效应力"求得的坝体主拉应力和主压应力,应符合下列应力控制指标的规定:

（1）容许压应力按表5-5的规定执行。

（2）容许拉应力:对于基本荷载组合,拉应力不得大于1.5 MPa;对于非地震情况特殊荷载组合,拉应力不得大于2.0 MPa。

大坝拱座稳定控制指标均严格按照《混凝土拱坝设计规范》（SL 282—2018）执行,见表5-6。

表 5-6　抗滑稳定安全系数

荷载组合情况	抗滑稳定安全系数	建筑物级别
		3
基本组合	K	3.0
特殊(非地震)	K	2.5

5.4.3.4　荷载组合

根据《中国地震动参数区划图》(GB 18306—2015),所略水库所在区域地震动峰值加速度小于 $0.05g$,相应地震基本烈度小于Ⅵ度,根据《水工建筑物抗震设计规范》(SL 203—1997)的规定,不考虑地震对建筑物的影响。

本次坝体加高工程拱坝设计荷载组合见表 5-7。

表 5-7　拱坝设计荷载组合

荷载组合	主要考虑情况	荷载类别						
		自重	静水压力	温升荷载	温降荷载	扬压力	泥沙压力	浪压力
基本组合	正常蓄水位 + 温降	√	√		√	√	√	√
	正常蓄水位 + 温升	√	√	√		√	√	√
	设计洪水位 + 温升	√	√	√		√	√	√
特殊组合	校核洪水位 + 温升	√	√	√		√	√	√

5.4.3.5　大坝变形及应力计算

1. 计算内容

(1)计算各截面上的应力分布。

(2)坝体上下游面在各计算点上的主应力。

2. 计算方法

采用大型有限元软件 ANSYS 进行计算,整体坐标为 $O—XYZ$,采用右手坐标系,X 轴向左岸为正,Y 向河道下游为正,Z 向上为正。模型底部为固定边界,上下游端侧面为 Y 方向约束,左右端面为 X 方向约束。为保证结果的精确性和后处理的方便性,在不能保证所有网格为六面体的情况下,优先保证坝体为六面体网格,共有单元数 23 310 个,节点数 103 986 个,计算整体模型和坝体单元模型如图 5-1 ~ 图 5-4 所示。

3. 模型建立

根据表 5-4 的坝体各层几何参数建立坝体,在此基础上考虑新增水闸的制作,新增闸门底板高程为 579.3 m,分 5 孔,中间 3 孔每孔闸孔尺寸为 $b×h = 8.2\ m×3.7\ m$,两边 2 孔的闸孔尺寸为 $b×h = 8.35\ m×3.7\ m$,合计水闸过水总净宽 41.3 m,4 个闸墩均为厚 0.8 m 的尖圆形钢混结构,闸门槽深 0.25 m,中间壁厚 0.3 m。有限元计算中在不影响计算结果的前提下,对水闸整体进行简化处理,将其考虑为一个整体挡水的坝体建筑物,闸门顶部分则挖出一开孔,即在原有坝体基础上,形成一个长 × 高为 44.5 m × 7.2 m 的缺

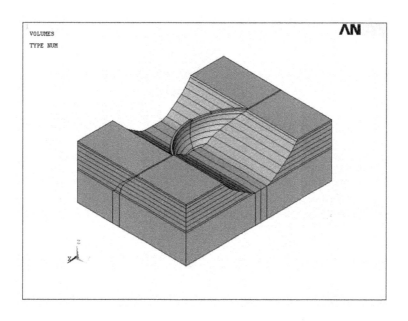

图 5-1　整体几何模型

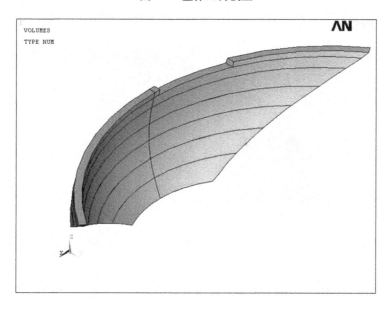

图 5-2　坝体几何模型

口,建立的几何模型如图 5-1 所示。

4. 计算工况及荷载

计算工况及荷载如下。

1) 工程前

工况一:原正常蓄水位 + 温降工况,其荷载为坝体自重 + 正常蓄水位时水压力 + 淤沙压力 + 温降温度荷载;

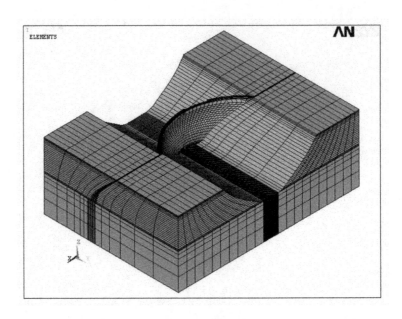

图 5-3 整体网格

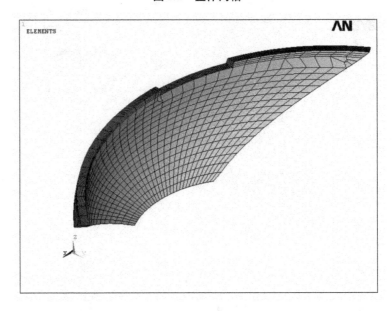

图 5-4 坝体网格

工况二:原正常蓄水位 + 温升工况,其荷载为坝体自重 + 正常蓄水位时水压力 + 淤沙压力 + 温升温度荷载。

2)工程后

工况三:正常蓄水位 + 温降工况,其荷载为坝体自重 + 正常蓄水位时水压力 + 淤沙压力 + 温降温度荷载;

工况四:正常蓄水位 + 温升工况,其荷载为坝体自重 + 正常蓄水位时水压力 + 淤沙压力 + 温升温度荷载;

工况五:设计洪水位+温升工况,其荷载为坝体自重+上游设计洪水位时水压力+下游设计洪水位时水压力+淤沙压力+温升温度荷载;

工况六:校核洪水位+温升工况,其荷载为坝体自重+上游校核洪水位时水压力+下游校核洪水位时水压力+淤沙压力+温升温度荷载。

其中,温度场计算:封拱温度为 18 ℃,采用 $T_{m1} = T_{m0}$,$T_{d1} = T_{d0}$。坝体温度场按与应力分析相同的有限元网格模型进行计算得到。

5. 有限元模型验证

所略水库大坝变形观测资料较少,目前掌握的只有广西壮族自治区河池水利电力勘测设计研究院 1996~2004 年共 4 次拱坝的水平位移观测结果。

利用 2001 年和 2004 年两次最近实测结果对有限元模型进行对比分析,其上游水位分别为 561. 24 m 和 570. 21 m,得到的验证模型一和验证模型二的坝体变位有限元计算结果如图 5-5、图 5-6 所示。

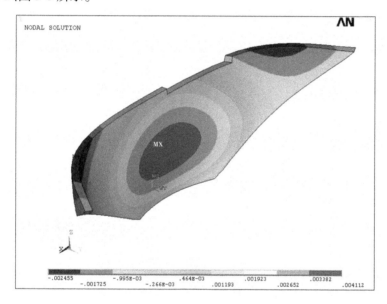

图 5-5　验证模型一

通过实测和有限元计算的坝体变位对比分析(见表 5-8)可知,有限元模型计算结果合理可靠。

表 5-8　坝体实测变位和有限元模型位移对比

高程(m)	2001 年 11 月 28 日		2004 年 11 月 29 日	
	实测数据(mm)	计算结果(mm)	实测数据(mm)	计算结果(mm)
586. 0	2. 58	1. 49	4. 03	4. 57
566. 0	4. 62	3. 96	5. 80	7. 05
545. 5	4. 19	3. 37	5. 62	6. 68
530. 4	3. 19	2. 61	3. 89	4. 05

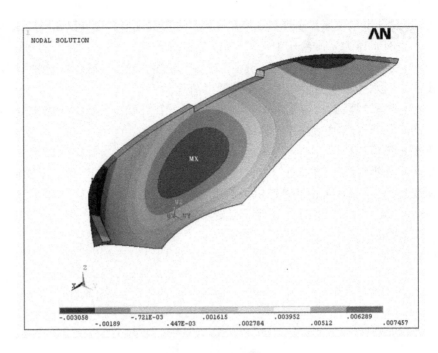

图 5-6　验证模型二

6. 大坝变形成果与分析

对各工况进行有限元分析,得到坝体变位结果如图 5-7～图 5-12 所示,最大变位统计详见表 5-9。由表 5-9 可知,所略拱坝的计算大坝拱冠处最大径向变位为 40.65 mm。

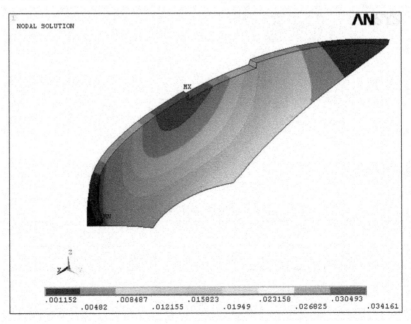

图 5-7　工况一坝体径向变位

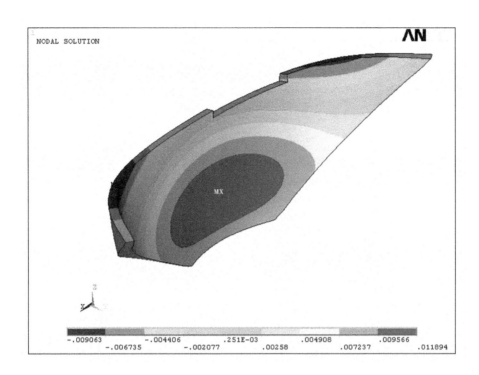

图 5-8　工况二坝体径向变位

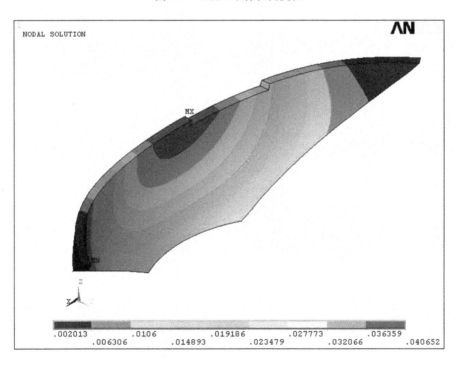

图 5-9　工况三坝体径向变位

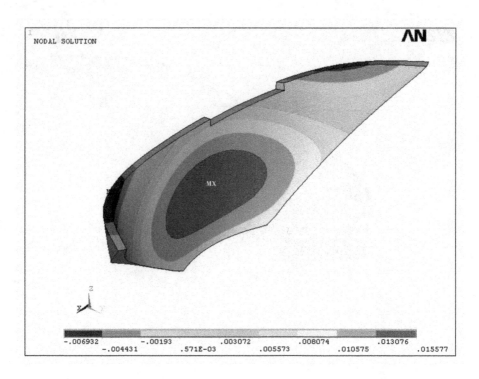

图 5-10　工况四坝体径向变位

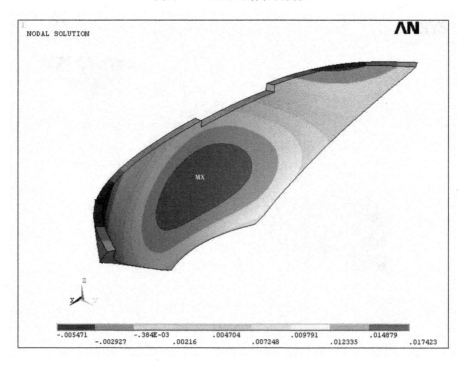

图 5-11　工况五坝体径向变位

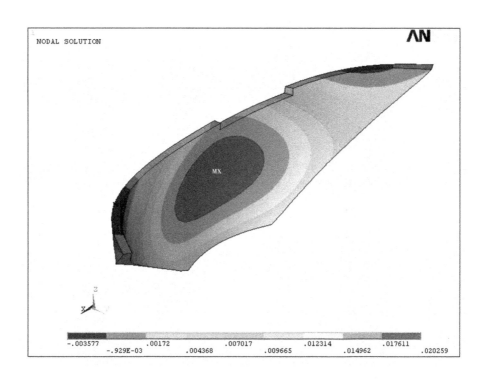

图 5-12　工况六坝体径向变位

表 5-9　大坝位移观测及计算成果

项目名称	观测时间或计算工况	最大位移(mm)	说明
计算径向变位	工况一:原正常蓄水位 + 温降	34.16	拱冠处
	工况二:原正常蓄水位 + 温升	11.89	拱冠处
	工况三:正常蓄水位 + 温降	40.65	拱冠处
	工况四:正常蓄水位 + 温升	15.58	拱冠处
	工况五:设计洪水位 + 温升	17.42	拱冠处
	工况六:校核洪水位 + 温升	20.26	拱冠处

由有限元计算可知,坝体最大位移由工程后的正常蓄水位 + 温降工况控制,最大位移处为坝顶拱冠处:40.65 mm,工程后正常蓄水位 + 温降工况和正常蓄水位 + 温升工况的坝体最大位移分别增加了 6.49 mm 和 3.69 mm,位移绝对值和增加值都较小。

7. 应力计算成果与分析

通过有限元计算,得到各工况的第一主应力和第三主应力结果如图 5-13 ~ 图 5-24 所示。

以上的各工况有限元计算结果显示,在坝肩和坝底位置均存在拉应力超规范情况,出现这种应力超规范的原因主要是坝与地基交界处几何形状突变,产生应力集中现象,因此根据《混凝土拱坝设计规范》(SL 282—2018)要求,补充计算"有限元等效应力"。表 5-10 ~ 表 5-15 中应力拉为正,压为负。

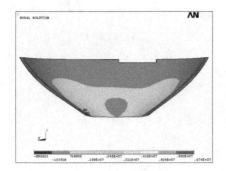

图 5-13　工况一 σ_1

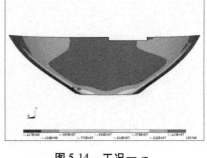

图 5-14　工况一 σ_3

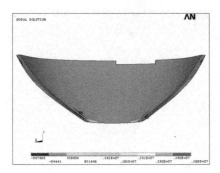

图 5-15　工况二 σ_1

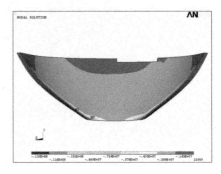

图 5-16　工况二 σ_3

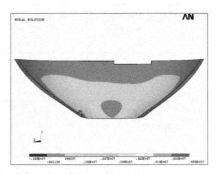

图 5-17　工况三 σ_1

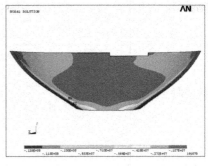

图 5-18　工况三 σ_3

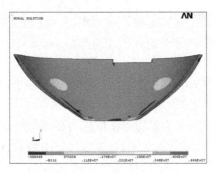

图 5-19　工况四 σ_1

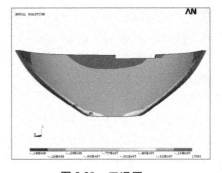

图 5-20　工况四 σ_3

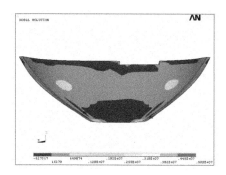

图 5-21 工况五 σ_1

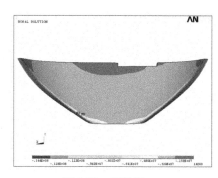

图 5-22 工况五 σ_3

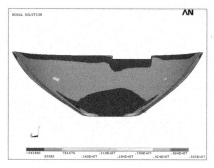

图 5-23 工况六 σ_1

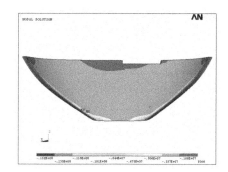

图 5-24 工况六 σ_3

表 5-10 工况一有限元等效应力成果

		高程（m）	下游面主应力（MPa）		上游面主应力（MPa）	
			σ_1	σ_3	σ_1	σ_3
工况一：原正常蓄水位＋温降工况	拱坝左端	586.50	0.02	−0.03	0.21	0.01
		576.25	0.18	0.06	0.73	−0.03
		566.00	0.42	0.01	0.84	−0.14
		555.75	0.64	−0.15	0.79	−0.28
		545.50	0.81	−0.50	0.67	−0.46
		535.25	0.94	−1.03	0.56	−0.43
		525.00	1.09	−1.23	0.41	0.20
	拱坝右端	高程（m）	下游面主应力（MPa）		上游面主应力（MPa）	
			σ_1	σ_3	σ_1	σ_3
		586.50	0.27	0.01	0.06	0.01
		576.25	0.68	−0.16	0.28	0.03
		566.00	0.74	−0.23	0.50	−0.03
		555.75	0.72	−0.34	0.67	−0.24
		545.50	0.70	−0.50	0.78	−0.61
		535.25	0.69	−0.41	0.81	−1.08
		525.00	0.60	0.20	0.92	−1.11

续表 5-10

		高程 (m)	下游面主应力 (MPa)		上游面主应力 (MPa)	
			σ_1	σ_3	σ_1	σ_3
工况一:原正常蓄水位 + 温降工况	拱冠	586.50	0.249	0.001	0.020	− 0.508
		576.25	0.003	− 0.720	0.009	− 2.145
		566.00	0.374	− 0.857	− 0.097	− 2.656
		555.75	0.740	− 0.730	− 0.198	− 2.692
		545.50	0.759	− 0.328	− 0.300	− 2.183
		535.25	0.266	− 0.031	− 0.433	− 1.457
		525.00	0.730	− 1.589	0.744	− 1.090

表 5-11　工况二有限元等效应力成果

		高程 (m)	下游面主应力 (MPa)		上游面主应力 (MPa)	
			σ_1	σ_3	σ_1	σ_3
工况二:原正常蓄水位 + 温升工况	拱坝左端	586.50	0.28	0.03	0.69	− 0.02
		576.25	0.55	− 0.09	1.16	0.25
		566.00	0.76	0.09	1.16	0.08
		555.75	0.93	0.27	1.02	− 0.17
		545.50	0.93	0.27	1.02	− 0.17
		535.25	1.02	0.24	0.62	− 0.72
		525.00	1.17	− 0.06	0.53	− 0.58
		高程 (m)	下游面主应力 (MPa)		上游面主应力 (MPa)	
			σ_1	σ_3	σ_1	σ_3
	拱坝右端	586.50	0.70	− 0.02	0.21	0.03
		576.25	1.12	0.17	0.52	− 0.03
		566.00	1.08	− 0.01	0.73	0.14
		555.75	0.96	− 0.26	0.87	0.27
		545.50	0.83	− 0.59	0.91	0.29
		535.25	0.72	− 0.80	0.93	0.08
		525.00	0.69	− 0.62	1.00	− 0.03
		高程 (m)	下游面主应力 (MPa)		上游面主应力 (MPa)	
			σ_1	σ_3	σ_1	σ_3
	拱冠	586.50	0.229	− 0.001	0.004	− 0.193
		576.25	0.001	− 1.002	0.007	− 1.146
		566.00	0.000	− 1.847	− 0.097	− 1.508
		555.75	0.000	− 2.370	− 0.198	− 1.486
		545.50	0.000	− 2.579	− 0.300	− 1.487
		535.25	0.000	− 2.548	− 0.313	− 1.339
		525.00	0.022	− 2.368	0.697	− 1.088

表 5-12　工况三有限元等效应力成果

		高程 （m）	下游面主应力（MPa）		上游面主应力（MPa）	
			σ_1	σ_3	σ_1	σ_3
工况三：正常蓄水位 + 温降工况	拱坝左端	586.50	0.15	0.02	0.46	0
		576.25	0.32	0.05	0.91	0
		566.00	0.53	0	0.92	-0.12
		555.75	0.76	-0.18	0.78	-0.31
		545.50	0.95	-0.56	0.62	-0.54
		535.25	1.07	-1.14	0.49	-0.52
		525.00	1.47	-2.35	0.77	-0.44
		高程 （m）	下游面主应力（MPa）		上游面主应力（MPa）	
			σ_1	σ_3	σ_1	σ_3
	拱坝右端	586.50	0.51	0	0.24	0.01
		576.25	0.84	-0.14	0.41	0.05
		566.00	0.81	-0.22	0.61	-0.05
		555.75	0.70	-0.38	0.79	-0.29
		545.50	0.67	-1.30	1.40	-1.49
		535.25	0.61	-0.52	0.93	-1.19
		525.00	0.97	-0.60	1.10	-2.26
		高程 （m）	下游面主应力（MPa）		上游面主应力（MPa）	
			σ_1	σ_3	σ_1	σ_3
	拱冠	586.50	0.289	0.001	0.025	-0.603
		576.25	0.116	-0.904	-0.019	-2.608
		566.00	0.581	-1.073	-0.126	-3.127
		555.75	0.860	-0.925	-0.228	-3.080
		545.50	0.771	-0.458	-0.330	-2.440
		535.25	0.208	-0.135	-0.463	-1.372
		525.00	0.711	-1.727	0.791	-0.837

表 5-13　工况四有限元等效应力成果

		高程 （m）	下游面主应力（MPa）		上游面主应力（MPa）	
			σ_1	σ_3	σ_1	σ_3
		586.50	0.45	0.03	0.94	−0.03
		576.25	0.70	−0.11	1.37	0.26
	拱坝 左端	566.00	0.85	0.09	1.26	0.08
		555.75	1.01	0.28	1.03	−0.22
		545.50	1.01	0.28	1.03	−0.22
		535.25	1.15	0.14	0.56	−0.83
		525.00	1.29	−0.19	0.47	−0.63
		高程 （m）	下游面主应力（MPa）		上游面主应力（MPa）	
			σ_1	σ_3	σ_1	σ_3
工况四：正常蓄水位+温升工况		586.50	0.94	−0.03	0.40	0.03
		576.25	1.30	0.16	0.67	−0.03
	拱坝 右端	566.00	1.16	−0.02	0.83	0.14
		555.75	0.96	−0.31	0.96	0.26
		545.50	0.79	−0.70	1.02	0.24
		535.25	0.66	−0.92	1.04	−0.03
		525.00	0.62	−0.68	1.09	−0.15
		高程 （m）	下游面主应力（MPa）		上游面主应力（MPa）	
			σ_1	σ_3	σ_1	σ_3
		586.50	0.268	0.000	0.008	−0.288
		576.25	0.001	−1.184	−0.021	−1.609
	拱冠	566.00	0.087	−2.063	−0.127	−1.979
		555.75	0.106	−2.565	−0.228	−1.873
		545.50	0.000	−2.710	−0.329	−1.519
		535.25	−0.001	−2.605	−0.423	−1.254
		525.00	0.024	−2.400	0.745	−0.836

表 5-14　工况五有限元等效应力成果

		高程（m）	下游面主应力（MPa）		上游面主应力（MPa）	
			σ_1	σ_3	σ_1	σ_3
工况五:设计洪水位＋温升工况	拱坝左端	586.50	0.57	0.03	1.04	-0.04
		576.25	0.75	-0.09	1.45	0.26
		566.00	0.90	0.11	1.29	0.06
		555.75	1.05	0.30	1.03	-0.27
		545.50	1.05	0.30	1.03	-0.27
		535.25	1.21	0.06	0.53	-0.89
		525.00	1.33	-0.26	0.44	-0.68
		高程（m）	下游面主应力（MPa）		上游面主应力（MPa）	
			σ_1	σ_3	σ_1	σ_3
	拱坝右端	586.50	1.05	-0.03	0.52	0.02
		576.25	1.37	0.16	0.73	-0.01
		566.00	1.18	-0.04	0.88	0.15
		555.75	0.95	-0.36	1.01	0.25
		545.50	0.76	-0.77	1.07	0.20
		535.25	0.62	-0.99	1.10	-0.10
		525.00	0.55	-0.75	1.15	-0.20
		高程（m）	下游面主应力（MPa）		上游面主应力（MPa）	
			σ_1	σ_3	σ_1	σ_3
	拱冠	586.50	0.245	0.002	0.011	-0.342
		576.25	0.005	-1.397	-0.034	-1.875
		566.00	0.123	-2.228	-0.140	-2.201
		555.75	0.114	-2.683	-0.241	-2.033
		545.50	0.000	-2.780	-0.342	-1.501
		535.25	0.006	-2.633	-0.443	-1.179
		525.00	-0.034	-2.445	0.778	-0.681

表 5-15　工况六有限元等效应力成果

		高程 (m)	下游面主应力(MPa)		上游面主应力(MPa)	
			σ_1	σ_3	σ_1	σ_3
工况六:校核洪水位 + 温升工况	拱坝左端	586.50	0.74	0.03	1.19	−0.04
		576.25	0.83	−0.06	1.55	0.25
		566.00	0.96	0.14	1.33	0.02
		555.75	1.11	0.31	1.02	−0.33
		545.50	1.11	0.31	1.02	−0.33
		535.25	1.29	−0.01	0.49	−0.96
		525.00	1.40	−0.34	0.40	−0.72
		高程 (m)	下游面主应力(MPa)		上游面主应力(MPa)	
			σ_1	σ_3	σ_1	σ_3
	拱坝右端	586.50	1.19	−0.04	0.70	0.02
		576.25	1.46	0.14	0.83	0.01
		566.00	1.21	−0.08	0.95	0.17
		555.75	0.93	−0.43	1.08	0.25
		545.50	0.73	−0.86	1.15	0.16
		535.25	0.57	−1.08	1.17	−0.17
		525.00	0.50	−0.80	1.22	−0.27
		高程 (m)	下游面主应力(MPa)		上游面主应力(MPa)	
			σ_1	σ_3	σ_1	σ_3
	拱冠	586.50	0.215	0.004	0.013	−0.425
		576.25	0.060	−1.672	−0.050	−2.222
		566.00	0.141	−2.441	−0.156	−2.486
		555.75	0.106	−2.834	−0.257	−2.242
		545.50	0.000	−2.866	−0.358	−1.556
		535.25	0.001	−2.668	−0.485	−1.097
		525.00	−0.043	−2.475	0.814	−0.530

由以上三维有限元计算结果分析可知:

(1)温降情况下各种工况的坝体应力分布规律基本一致,温升情况下各种工况的坝体应力分布规律也基本一致。说明温度作用十分显著,其作用效果占主导地位。

(2)温降对坝体应力不利,温升对坝体应力有利;温降使坝体向下游方向位移,温升使坝体向上游方向位移。

(3)温降不仅使上游面边缘产生较大的拉应力,也使下游面中部产生较大的拉应力;温升不仅使下游面中部较大的拉应力消失,也使上游面边缘拉应力逐渐减少甚至转变为受压。

(4)由各种工况计算成果可推断,温降是拉应力控制工况,温升是压应力控制工况。最大等效拉应力为工况三 1.47 MPa < [1.50 MPa],最大压应力为工况六 - 2.866 MPa,其绝对值小于非地震情况的特殊组合的容许压应力[5.5MPa]。

5.4.3.6 拱座稳定计算

用刚体极限平衡法分析,采用平面分析方法进行本工程拱坝各层拱座抗滑稳定分析,平面稳定分析可以了解各高程基岩的稳定程度,从而为提供基岩处理方案创造了条件,同时平面稳定分析计算较为简便,因此目前中小型拱坝的技施设计和大型拱坝的初步设计被广泛地采用。其计算公式如下:

$$K = \frac{f'(H_a\cos\theta - V_a\sin\theta - u) + C'L}{H_a\sin\theta + V_a\cos\theta}$$

式中:K 为抗滑稳定安全系数;θ 为拱端半径与滑动面的夹角;f' 为岩石的抗剪断摩擦系数,根据相关地质资料取 0.65;C' 为黏聚力,根据相关地质资料取 0.4 MPa;H_a 为拱端轴力;V_a 为拱端剪力;U 为拱端面扬压力;L 为滑动面长度。

大坝拱座稳定安全系数计算成果见表5-16。

表5-16　大坝拱座稳定安全系数计算成果

高程(m)	工况一	工况二	工况三	工况四	工况五	工况六
586.50	3.43	4.90	3.91	4.53	4.60	4.60
576.25	3.62	4.20	3.73	4.55	4.13	4.12
566.00	5.76	6.84	5.80	5.93	5.67	6.67
555.75	4.29	4.52	4.78	5.35	6.52	6.63
545.50	3.10	6.00	3.08	5.08	6.00	6.09
535.25	3.60	4.13	3.61	3.09	3.21	2.95
525.00	3.39	3.05	3.60	3.19	3.31	3.38

表5-16计算结果表明,基本荷载组合(工况二:原正常蓄水位 + 温升工况)下,拱坝拱座的抗滑稳定安全系数最小值为 $K = 3.05 > [K] = 3.00$;特殊荷载组合(工况六:校核洪水位 + 温升工况)拱坝抗滑稳定安全系数最小值为 $K = 2.95 > [K] = 2.50$,满足规范稳定安全要求。

5.4.3.7 计算合理性分析

所略水库在原设计时,双曲拱坝在广西大学进行了电算,并在四川成都科技大学进行结构模型试验,广西壮族自治区河池水利电力勘测设计研究院实验室也进行了水工物理模型试验,水库大坝于1996年建成使用,至今已投产运行了15年,并经历过1998年特大洪水的考验,在实地的现场调研中也未发现大坝有危害性裂缝。实践证明,所略水库大坝的原设计方案合理可靠,施工质量较好。

广西壮族自治区水利电力勘测设计研究院在2008年对所略水库大坝进行了一次安全评价,评价内容丰富,结果合理可靠,且同样利用三维有限元计算软件对坝体的位移和应力进行了复核。两次有限元计算的原正常蓄水位工况结果对比表明,本次最大位移较安全评价结果略微增大,应力计算结果规律基本一致。再对加闸后工况计算结果表明,加闸后坝体安全可靠,方案可行。

5.4.4 枢纽续建扩容设计

根据安全评价的建议及水库扩容以满足作为原水水源地的需要,本次拟对大坝枢纽及其各附属设施进行续建配套及扩容加固设计,从而保持枢纽良好运行状态,充分发挥综合效益。

5.4.4.1 溢洪道加闸整治

现状溢流堰为WES实用堰,前缘净宽42.5 m,堰顶高程580.0 m,分5孔,4个中墩均为500 mm厚,表孔高低坎差动式挑流,1#、3#、5#闸孔布置低坎(挑流外缘高程573.0 m),2#、4#闸孔布置高坎(挑流外缘高程576.0 m)。

根据以上的计算分析,本次所略水库扩容坝顶高程(586.5 m)不变,主要是在溢流堰上加一液压平面闸门,将正常蓄水位提高至583.0 m,为满足汛期泄洪要求,将溢流堰顶减去0.7 m,降至579.3 m。溢流堰仍分5孔,中间3孔净宽8.2 m,两边2孔净宽均为8.35 m,中间4个闸墩均为厚0.8 m的尖圆形钢混结构,闸门槽深0.25 m,中间壁厚0.3 m,则前缘溢流净宽41.3 m。堰顶降低后为利于过流,将堰前缘仍处理成弧形,同时在前缘下部进行加固补强。

1.坝顶高程复核

根据《水利水电工程等级划分及洪水标准》(SL 252—2017),所略水库为Ⅲ等工程,水库主要建筑物级别为3级,波浪计算选用官厅公式进行计算。

1)计算风速及吹程的确定

巴马县多年平均最大风速为22 m/s,根据《砌石坝设计规范》(SL 25—2006)的规定:基本组合可采用重现期50年的最大风速,特殊组合可采用多年平均年最大风速。结合本工程具体情况,正常设计工况采用多年平均最大风速的1.5倍作为计算风速,校核水位工况采用多年平均最大风速。

根据水库吹程的确定方法,所略水库的吹程直接从库区1:10 000地形图上量得,正常水位时为690 m,校核水位时为730 m。

2)波浪高度计算

根据《混凝土拱坝设计规范》(SL 282—2018)附录B,按官厅公式计算:

$$\frac{gh_b}{v_0^2} = 0.007\ 6v_0^{-\frac{1}{12}}\left(\frac{gD}{v_0^2}\right)^{1/3}$$

式中：h_b 为波浪高，m；v_0 为计算风速，m/s；D 为吹程，m。

计算得出正常蓄水工况波浪高为 1.98 m，校核洪水工况波浪高为 1.17 m。

3）坝顶高程计算

按规范要求坝顶超高应以最大波浪爬高计算，考虑到该大坝上游侧设有直立的防浪墙，故直接用波高计算：

$$\Delta h = h_b + h_z + h_c$$

式中：Δh 为防浪墙顶与水库静水位的高差，m；h_b 为波浪高，m；h_c 为安全超高，按《混凝土拱坝设计规范》（SL 282—2018），3 级混凝土拱坝在正常蓄水、校核洪水工况安全超高值分别取 0.4 m、0.3 m；h_z 为波浪中心线至水库静水位高差，m，其计算公式为

$$h_z = \frac{\pi h_{5\%\sim10\%}^2}{L}\cot\frac{2\pi H_1}{L}$$

式中：H_1 为坝前水深，m；L 为波长，m。

$$\frac{gL}{v_0^2} = 0.33v_0^{-\frac{7}{15}}\left(\frac{gD}{v_0^2}\right)^{4/15}$$

坝顶高程计算成果如表 5-17 所示。

表 5-17　坝顶高程计算成果

项目	单位	正常蓄水工况	校核蓄水工况
波浪高 h_b	m	1.98	1.17
波长 L	m	268	147.5
安全超高 h_c	m	0.4	0.3
h_z	m	0.02	0.00
$\Delta h = h_b + h_z + h_c$	m	2.40	1.47
静水位	m	583.00	585.96
计算坝顶（或防浪墙顶）高程	m	585.40	587.43
实测坝顶高程	m	586.50	586.50
实测防浪墙顶高程	m	587.50	587.50

所略水库大库实测坝顶高程 586.50 m，防浪墙顶高程为 587.50 m，根据表 5-2 计算需要的坝顶（或防浪墙顶）高程取大值，确定需要的坝顶（或防浪墙顶）高程为 587.43 m。现状防浪墙墙顶高程能够满足现行《防洪标准》（GB 50201—2014）的要求。

2. 闸门启闭力

本溢流堰每扇闸门均采用 1 套型号为 QPPYⅠ-2×160-8 的露顶平面闸门液压式启闭机操作控制，双吊点启吊，启门容量为 2×160 kN，行程为 8 m，闸门的运行方式为动水启闭。根据《水利水电工程钢闸门设计规范》（SL 74—2013），动水中启闭的闸门启闭

力计算包括:闭门力:

$$F_w = n_T(T_{zd} + T_{zs}) - n_G G + P_t \quad (\text{kN})$$

持住力:

$$F_T = n'_G G + G_j + W_s + P_x - P_t - (T_{zd} + T_{zs}) \quad (\text{kN})$$

启门力:

$$F_Q = n_T(T_{zd} + T_{zs}) + P_x + n'_G G + G_j + W_s \quad (\text{kN})$$

式中:n_T 为摩擦阻力安全系数,取 1.2;n_G 为计算闭门力用的闸门自重修正系数,可采用 0.9~1.0;n'_G 为计算持住力和启门力用的闸门自重修正系数,可采用 1.0~1.1;G 为闸门自重,kN,当有拉杆时应计入拉杆重,计算闭门力时选用浮重;W_s 为作用在闸门上的水柱压力,kN;G_j 为加重块重量,kN;P_t 为上托力,kN,包括底缘上托力及止水上托力;P_x 为下吸力,kN;T_{zd} 为支承摩阻力,kN,$T_{zd} = f_2 P$;P 为作用在闸门上的总水压力,kN;$f_1 \, f_2 \, f_3$ 为滑动摩阻系数,计算持住力应取小值,计算启门力、闭门力应取大值,可参照附录 M 选用;T_{zs} 为止水摩阻力,kN,$T_{zs} = f_3 P_{zs}$;P_{zs} 为作用在止水上的压力,kN。

经计算,闭门力 $F_w = -58.41$ kN,持住力 $F_T = 123.77$ kN,启门力 $F_Q = 245.0$ kN,闭门力为负,持住力小于启闭机容量,即闸门可以在动水中启闭。

5.4.4.2 左坝肩滑坡山体整治

根据安全评价对左坝肩坍滑体边坡稳定的复核计算,左坝肩坍滑体边坡稳定基本满足规范要求,修筑乡村公路时造成人工边坡,坡度较陡,改变了应力分布,在强降雨作用下,很可能导致边坡滑体局部或整体重新滑动失稳,因此对该古坍滑体宜做部分清除及支护。左坝肩整治如图 5-25 所示。

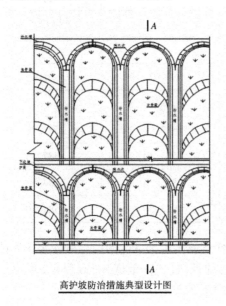

高护坡防治措施典型设计图

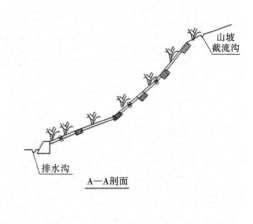

A—A剖面

图 5-25 左坝肩整治

5.4.4.3 坝体加固续建

根据安全评价结论与现场查勘,大坝相关附属设施尚未续建配套,影响枢纽的正常使用,本次拟对其进行整治维修。

1. 坝体充填灌浆

据所略大坝混凝土施工取样的混凝土防渗标号均满足规范及设计要求,但坝体混凝土局部振捣不密实,有蜂窝麻面,水库水位在 580 m 高程左右时,下游坝面有 7 处明显漏水点,漏水量估计 0.02 m³/s。本次拟对拱坝坝体进行充填灌浆,以解决大坝耐久安全性和美观等隐患。

2. 坝体表面防护

坝体混凝土在使用过程中,不可避免地会出现不同程度的碳化、风化、剥蚀等现象,溢流面也由于水流冲磨、干湿交替而出现损伤,为提高混凝土耐久性,对混凝土体上表面、下表面及溢流堰表面部分用聚脲高强弹性防护涂料进行喷涂防护,阻止水进入混凝土内部,防止微渗及腐蚀。

3. 坝顶扶手栏杆维护

坝顶混凝土栏杆部分破坏严重,钢筋裸露,附近村民强行拆除坝顶设置的安全墩栅,将坝顶作为永久公路使用,影响大坝安全运行管理,危及大坝安全。坝顶无照明灯,夜间检查、抢险均无法完成。本次结合上坝公路的修建,对坝顶进行整治。更换损坏的扶手栏杆,重新设置安全墩栅,按 50 m 间距设置照明灯具,并在坝顶两端设置相关标牌告示。

4. 坝后工作栈桥

坝后 570.0 m、554.5 m、539.0 m 有三道工作栈桥用于检查、观测交通通道,现仅有预埋的钢筋混凝土挑梁,尚未配置完善桥板和栏杆,且在溢流坝挑流鼻坎范围内的工作栈桥挑梁也已被水流冲断。本次拟按原设计续建坝后各级工作栈桥,铺设桥板和栏杆,并在关键部位进行加固处理。

5. 放空闸门

拱坝放空底孔出口设有工作闸门,为平面滑动钢闸门,距拱冠 18.66 m,闸门孔口尺寸为 1.8 m×2.0 m,出口底板高程 526.8 m,设计水头 60.0 m。闸门无固定启闭设备,建坝以来从未使用,日久失修,已无法开启,且长期漏水,漏水量约 0.01 m³/s,为大坝主要漏水点之一。本次拟更换该工作闸门及相关的止水材料,重新配置启闭设施。

6. 廊道

在 554.1 m 高程,距坝上游 5.0 m 设置坝内廊道,用作基础帷幕灌浆和坝身排水集中以及一些坝体性能观测。廊道左右岸 2 个进出洞口未设置有安全防护门,廊道内缺乏排水及照明设施,廊道底部积水严重。本次拟在廊道内设置相应的管理及观测设施,设置进出安全门,添加照明灯具及小型电动排水泵,以利日常巡视检查。

5.4.4.4 消力池加固护砌

溢洪道消力池位于坝体后、二道坝前,为减少对河床的冲刷,下游河床做 1.5 m 厚的 150# 钢筋混凝土护坦,并对岸坡用 100# 混凝土进行护砌以减少水流淘刷。运行多年来,二道坝现状工况良好,但河床消力池局部冲坑较深,并有淘刷现象,影响岸坡及二道坡坝肩挡土墙稳定。

本次拟对消力池进行重新处理,河床用 1.5 m 厚、C20 钢筋混凝土做护坦以保护大坝基础,两岸在 533 m 高程以下用 C15 混凝土 1.0 m 厚做护坡,533.0 ~ 545.0 m 高程用 M7.5 浆砌石 50 cm 厚砌石护坡。

5.4.4.5 大坝安全监测系统

枢纽原设计有完整的安全监测设施,后期除变形监测外,其他设施均未再使用,绝大部分已失效,本次按突出重点、兼顾全面的原则,恢复、重建及新建监测系统,仪器、设备尽量布置在典型观测断面、坝段或重要部位,便于设计计算成果分析,并实现联机自动化监测。

1. 水库的水、雨情观测

水库的水、雨情自动测报系统按第 2.7 节进行设置。

2. 变形观测

大坝变形监测的水平位移与垂直位移基点控制网在大坝建成前已确立,河池水电院 1996 ~ 2004 年共利用这些设施进行过 4 次大坝变形监测,监测成果水平位移、垂直位移均具有规律性,测量精度满足要求,说明该监测设施布局合理,运行状况良好,本次维持其现状不变。

3. 应力应变观测

应力应变观测以结构钢筋应力、混凝土温度、基岩变形、裂缝及扬压力为观测重点。

1)钢筋应力观测

取中间 1 个坝段为典型观测坝段,在观测坝段布置 2 个观测剖面,在剖面的主要受力钢筋上布置钢筋计,如闸墩左右侧、溢流面与闸墩交界处等。

2)混凝土温度观测

选取中间溢流坝段左右 2 个典型观测断面,在观测断面按网格布置温度测点,在靠近坝体表面、缝面以及孔洞周围增设测点,可用钢筋计、测缝计、裂缝计兼测温度。

3)基岩变形观测

在拱冠观测坝段设 1 个断面,在上下游坝踵和坝趾各布置 1 个测点,在左右坝肩帷幕线下游侧各布置 1 个测点。

4)裂缝及伸缩缝

在上游坝踵与基岩接触面布置测点,以了解混凝土与基岩联合工作情况;在横向伸缩缝布置 3 ~ 5 个测点,了解缝面开合情况。

5)扬压力观测

为能正确确定坝基扬压力,掌握渗流活动规律,绘出扬压力分布图形,在拱冠观测坝段中心线布设观测横断面,每个横断面设 3 个测点,以观测横向扬压力分布。纵向观测断面布置在坝轴线上,每个坝段布置 1 个测点,以便观测纵向扬压力。

4. 渗漏观测

在坝体廊道的排水沟上分段布设量水堰,分别监测坝基和坝体渗漏水量。对漏水量较大的排水孔,采用容积法单孔量测。

5. 巡视检查

巡视检查是大坝安全监测的重要手段,分日常巡视检查、年度巡视检查、特别巡视检查。巡视检查可根据大坝的管理条件及特点来制定大坝巡视检查制度和频次。主要对蓄水期大坝有无异常,坝肩和坝基渗漏,边坡有无滑移征兆,坝趾坝端岸坡有无隆起、塌陷等现象,引水管理有无堵塞等项。

5.4.4.6 上坝公路

目前已有碎石路通到坝址,但路面起伏不平,暴雨溃毁严重,从洞口村至六恒村还需经由坝顶,既带来安全隐患又影响大坝安全。本次拟将上坝公路在坝下六能村分为左右2支,1支沿坝左通向定洋,1支从六能村过坝下 $1^{\#}$ 渡槽,沿右岸山坡新修公路至六恒,均按四级公路整治,路面宽7.0 m,路边设排水沟,路面铺混凝土,上坝公路共长约6.5 km,其中洞口村至左坝肩约3.0 km,六能村经 $1^{\#}$ 渡槽穿过山坡至六恒约3.5 km。

5.4.4.7 库区水源生态保护

配合环境保护和水土保持措施,对库区进行水源生态保护,在库区河道汇流的库汊处共拟修建5座拦渣池,以拦截枯枝败叶,保证水源水质。本次扩容后,水库最高水位未超过原设计水位,但水库经过多年运行,库区局部库岸在高水位运行下有山体滑坡现象发生,经调查走访,共有5处较大的滑坡,拟对该5处较大的库岸滑坡(不包括左坝肩)进行清除与支护,以保护库岸安全。另外,由于正常蓄水位抬高后,会淹没库区的2座农用桥,本次结合库区整治,将重建这2座桥,并新建2座农用交通机耕桥,以利于当地库区群众的生产生活。库区水源生态保护的具体措施详见水土保持、环境影响评价两章,拦渣池与库岸整治将在下一阶段工作中进行详细设计。

5.5 输水工程

本工程输水线路由三部分组成,全长25 742 m,其中所略水库至二级电站前池输水线路长10 510 m,所略水库二级电站前池至巴定水库输水管道长7 530 m,巴定水库至巴马水厂输水线路长7 702 m。

5.5.1 所略水库至二级电站前池输水渠道

所略水库至二级电站前池输水渠道于1976年年底开工,中间经所略水库坝型和规模反复修改论证,导致渠道建建停停,于1993年才全线开通。该段线路全长10 510 m,其中压力钢管120 m,明渠3 182 m,渡槽128 m,隧洞7 080 m(包括跨溶洞渡槽48 m)。现状各渠段特征见表5-18。

5.5.1.1 存在问题

(1)明渠桩号0 + 120—0 + 440、0 + 516—1 + 580、1 + 632—2 + 320、7 + 320—7 + 480段为M5浆砌石挡墙,面浇100 mm厚C10混凝土防渗结构,为矩形断面,无盖板,严重威胁饮用水水质的安全;经过20多年的运行,部分混凝土防渗板脱落,水量损失较严重。

(2)明渠桩号2 + 840—3 + 129、9 + 849—10 + 510段一侧为M5浆砌石挡墙,另一侧为300 mm厚M5浆砌石护坡,面浇100 mm厚C10混凝土防渗结构,为复式断面,无盖板,严重威胁饮用水水质的安全。经过20多年的运行,大部分混凝土防渗板脱落,部分浆砌石护坡发生不均匀沉陷,水量损失较严重。

表 5-18　现状所略水库至二级电站前池输水渠道特性

渠道名称	桩号	断面	长度 (m)	坡降	进口高程 (m)	出口高程 (m)	底宽 (m)	渠高 (m)	断面过流量 (m^3/s)
压力钢管	0+000—0+120	圆形	120	0.000 3	544.386	544.350	直径1	直径1	7.5
1#明渠	0+120—0+440	矩形	320	0.000 3	544.350	544.254	3	2.56	6.94
1#渡槽	0+440—0+516	矩形	76	0.000 3	544.254	544.231	3	2.56	6.86
2#明渠	0+516—1+580	矩形	1 064	0.000 3	544.231	543.912	3	2.56	6.78
2#渡槽	1+580—1+632	矩形	52	0.000 3	543.912	543.896	3	2.56	6.74
3#明渠	1+632—2+320	矩形	688	0.000 3	543.896	543.690	3	2.51	6.68
幸怀1#隧洞	2+320—2+840	城门洞形	520	0.002 0	543.914	542.874	1.9	侧墙高1.8,拱高0.95	6.67
幸怀明渠	2+840—3+129	一边矩形、一边梯形(1:0.75)复式	289	0.002 0	542.544	542.457	2.2	2.45	6.52
2#隧洞	3+129—7+320	城门洞形	4 191	0.002 0	542.662	534.082	1.88	侧墙高1.6~1.8,拱高0.94	6.42
龙凤明渠	7+320—7+480	矩形	160	0.002 0	534.082	533.762	1.88	3	6.42
3#隧洞	7+480—9+849	城门洞形	2 369	0.002 0	533.762	529.295	1.88	侧墙高1.6,拱高0.94	6.13
前池明渠	9+849—10+510	一边矩形、一边梯形(1:0.5)复式	661	0.000 5	529.115	528.785	2.1	2.2	5.68
小计			10 510						

（3）两个渡槽均为与路桥结合的拱式结构，经过多年运行，基础产生不均匀沉降，混凝土老化损坏较重，止水破坏，漏水严重，桥面和栏杆部分破损。

（4）隧洞和跨溶洞渡槽主体结构较好，部分拱顶有漏水，少量侧板有鼓起现象。

（5）渠道一侧山坡较陡，有两处出现滑坡现象。

现状各渠段具体存在问题见表5-19。

5.5.1.2 断面过流量复核

断面过流量按明渠均匀流进行复核计算：

$$Q = AC\sqrt{Ri}$$

$$C = \frac{1}{n}R^{1/6}$$

式中：A 为过水断面；C 为谢才系数；R 为水力半径；i 为渠道纵坡；n 为糙率。

5.5.1.3 改造加固方案

（1）对2 232 m明渠（桩号0+120—0+440、0+516—1+580、1+632—2+320、7+320—7+480）增设盖板，修补脱落的防渗混凝土面层。

（2）拆除950 m明渠（桩号2+840—3+129、9+849—10+510）浆砌石护坡，浇筑C20混凝土挡墙，并增设盖板，凿除新建另一侧脱落的防渗混凝土面层。

（3）重建1#渡槽拱肋、槽身和桥面等上部主体结构，修补2#渡槽桥面和栏杆。

（4）对隧洞顶部漏水和侧墙拱起部位进行灌浆加固。

（5）对滑坡山体进行混凝土格栅内植草治理。

各渠段改造方案见表5-19。

5.5.2 二级电站前池至巴定水库输水渠道

5.5.2.1 输水方式比选

根据本工程前池和巴定水库的高程及位置，初步拟定以下两种供水方式（见图5-26）。

1. 方案一：尽量沿现有道路，通过渠道、渡槽和隧洞，将水输送到巴定水库

渠道接二级电站压力前池底板，起始高程526.70 m，沿公路前行1 200 m左右，然后渠道沿450 m左右高程铺设前行，采用架空渡槽飞渡山谷，隧道穿越山顶，尽量沿道路铺设。渠道底坡坡比不小于0.3%，局部地形坡度较大时，采用跌水消能。最后接入巴定水库，尾渠高程约420 m。全程长度11 740 m，其中渡槽总长1 640 m，隧道总长245 m，渠道总长9 855 m。

2. 方案二：通过压力管道将水输送至巴定水库

管道底高程略高于二级电站压力前池底板，管道中心线高程527.50 m，管道埋入地面以下，覆土0.8 m，沿现有公路前行2 100 m左右，然后尽量选择平缓的地形，将水送入巴定水库，尾管高程约420 m左右。全程长度7 530 m。

经过比较（见表5-20），方案二可以利用现有公路沿线铺设、施工、管理、维修、维护都非常方便，缩短了输水距离，避免了隧洞和渡槽的施工，减小了工程难度，降低了工程投资和缩短了施工工期。管道埋入地下也减少了工程占地。综上考虑，本阶段采用方案二为推荐输水方式。

表 5-19 所略水库至二级电站前池输水渠道存在问题及改造方案

渠道名称	长度 (m)	现状断面过流量 (m³/s)	发电设计流量 (m³/s)	水厂设计流量 (m³/s)	总设计流量 (m³/s)	存在问题	改造方案
压力钢管	120	7.5	6.10	0.70	6.80	部分有锈斑	涂防锈漆
1#明渠	320	6.94	6.10	0.70	6.80	无盖板，部分混凝土脱落	增加盖板，修补防渗混凝土面
1#渡槽	76	6.86	6.10	0.70	6.80	部分桥面和栏杆破损	重建上部主体结构
2#明渠	1 064	6.78	6.05	0.69	6.74	无盖板，部分混凝土脱落	增加盖板，修补防渗混凝土面
2#渡槽	52	6.74	5.98	0.69	6.67	部分桥面和栏杆破损	修补桥面和栏杆
3#明渠	688	6.68	5.98	0.69	6.67	无盖板，部分混凝土脱落	增加盖板，修补防渗混凝土面
弄怀1#隧洞	520	6.67	5.98	0.69	6.67	部分拱顶有漏水，少量侧板有鼓起现象	灌浆加固
弄怀明渠	289	6.52	5.82	0.68	6.50	无盖板，混凝土脱落，部分浆砌石护坡有沉陷	增加盖板，修补防渗混凝土面，拆除浆砌石护坡为 C20 混凝土挡墙
2#隧洞	4 191	6.42	5.73	0.67	6.40	部分拱顶有漏水，少量侧板有鼓起现象	灌浆加固
龙凤明渠	160	6.42	5.65	0.67	6.32	无盖板，部分混凝土脱落	增加盖板，修补防渗混凝土面
3#隧洞	2 369	6.13	5.30	0.66	5.96	部分拱顶有漏水，少量侧板有鼓起现象	灌浆加固
前池明渠	661	5.68	4.92	0.65	5.57	无盖板，混凝土脱落，部分浆砌石护坡有沉陷	增加盖板，修补防渗混凝土面，拆除浆砌石护坡为 C20 混凝土挡墙

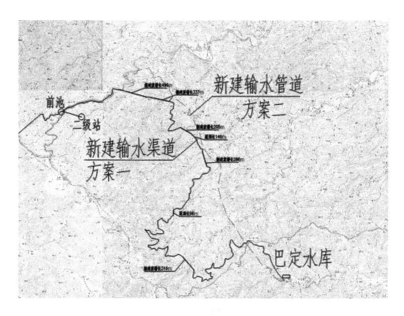

图 5-26　输水渠道布置方案

表 5-20　引水管线投资对比

方案	主要工程内容	估算投资(万元)
渠道方案	输水隧洞约245 m,渡槽长约1 640 m,渠道总长约9 855 m,总长度约11 740 m	18 502.15
管道方案	DN600输水管约7 530 m	17 206.42

5.5.2.2　供水管道管材比选

在长距离输水工程中,管材的选择一般要根据工程的规模,管道的工作压力,输水距离的长短,工程的进度与重要性以及工程所在地的地形、地貌、地质情况,当地管材的生产状况,应用管材的习惯,特别是工程的资金落实情况,进行技术、经济、安全等方面的综合比较后确定。

由于各地区的地形、地质、气候等自然条件不一样,经济形势与应用管材的历史状况也不一样,而每项工程又具有其特殊性,因此长距离输水工程管材的应用也是多种多样的。某一种管材在一个地方、一个工程被选用,有其经济技术方面的合理性,而在另一个地方、另一个工程就不一定合理,这就是在市场经济的今天,出现各种不同管材竞争的原因之一。根据其他长距离输水工程的设计经验,特别是这几年我国引进大量的新型管材和新的生产工艺后,进行管材的优化选择显得尤为重要。

长距离大口径输水管道一般采用预应力钢筒混凝土管、球墨铸铁管、钢管、夹砂玻璃钢管、钢筋混凝土管等。管材的选择,应考虑下列因素:

(1)输水管道的重要程度。

(2)管道根数和长度;管道沿线地质条件,地形起伏程度。

(3)运行方式,有无调节设施。

(4)管道直径、正常工作压力和非稳定流极限压力。

（5）外部荷载、管材机械、水力等特性。

（6）供货、运输、工期、安装条件等。

（7）应符合现行国家标准《生活饮用输配水设备及防护材料的安全性评价标准》（GB/T 17219—1998）的规定。

（8）有足够的强度，可以承受各种工况下的内外荷载。

（9）水密性好，压力试验渗漏量符合要求；管内壁光滑，水阻小。

（10）接口连接可靠，施工方便；综合造价合理，耐腐蚀，使用年限长。

1. 常用管材特点

1）钢管

钢管是一种在各行业获得广泛应用的管材，具有长久的应用历史，丰富的使用经验。城市供水用钢管常选用 Q235B 钢板制作，它具有良好的韧性，管材及管件易加工。但钢管的刚度小，大口径管易变形，衬里及外防腐要求严，焊接工作量较大。

2）球墨铸铁管

球墨铸铁管利用离心力铸造成形，管壁致密。石墨形态为球状，基体以铁素为主，伸长率大、强度高，性能与钢管相似，具有柔韧性，适应突发力强，且抗弯强度比钢管大。使用过程中管段不易弯曲变形，能承受较大负荷，材料耐蚀性好，一般不需做特殊防腐蚀处理。其接口为柔性接口，具有伸缩性和曲折性，适应基础不均匀沉陷，是比较理想的管材。

球墨铸铁管在生产工艺中经过熔化、脱硫、球化处理，离心铸造及退火处理等工艺，使管材具有良好的韧性和耐腐蚀性。无论在海水还是在不同的土壤中均优于钢管，其电阻抗比钢管大 3 倍。

球墨铸铁管有接近钢管的性能。球墨铸铁管的耐压强度比钢管高。此外，还由于管内壁涂以水泥砂浆，所以长时间使用后，流量和流速几乎不会有什么变化。同时，根据配套条件可自由选择配套各厚度的管子和采用各种橡胶圈柔性接口及管配件，所以能够适应各种类型的地质条件。采用滑入式和机械柔性接口方式，施工简单，因而能适应各种施工条件（包括在管内施工作业）。接口作业完毕，可立即回填，从而节省时间。

球墨铸铁管的一大缺点是大口径管道的生产厂很少（一般 DN≤1 400），且价格昂贵，超过钢管。

3）钢筒混凝土管

钢筒混凝土管全称是钢筒预应力混凝土管（简称钢筒混凝土管）。钢筒混凝土管是在带钢筒（薄钢筒的厚度约 1.5 mm）的混凝土管芯上，缠绕一层或二层环向预应力钢丝，并做水泥砂浆保护层而制成的管子。

该管材由于在管芯中嵌入了一层薄壁钢筒，实质上是一种钢板与预应力混凝土的复合管材，它比一阶段、三阶段预应力管具有更好的抗渗性。钢筒混凝土管承插端的工作面是定型钢制口环，几何尺寸误差小，承插工作面间隙仅 1～2 mm，O 形胶圈占满凹型槽内，密封性能良好，在内水压力下，胶圈无法冲脱，往往滴水不漏，从而改善了一阶段、三阶段管胶圈安装不到位、容易冲脱、承插口容易滴水的问题。而且承插口可设计成双胶圈，在叉管后可在承插口双胶圈之间的小孔处，用小型人工试压的方法检验接口的密封性，有利于及早发现问题，及时进行返工。钢筒混凝土管的承插接口是半柔性接口，承插钢制口环需作卫生级的环氧树脂刷涂，通常为 1 道底漆、2～3 道面漆，刷涂总厚度 70.4 μm。刷涂环氧树脂的防腐效果与钢板端面除锈的效果关系密切,防腐作业往往在管材的最后一道工序完成,除锈方式受多方面的限制,毕竟会影响效果,因此管材承插连接后,在接口内外间隙处要用水泥砂浆灌注封口,钢板则在高碱度的钝化区内,从而不易发生腐蚀。

钢筒混凝土管的半柔性接口承担不均匀沉降引起接口处的应力集中将比柔性接口较大,故管道基础及管腔的回填,比一阶段、三阶段预应力管要求较严,通常在较硬的沟底应做砂垫层。对管基土质特别差的情况,如长距离的淤泥段,管基处理费用较大,技术上要求均匀沉降较困难。

钢筒混凝土管能够承受的内水压力高、埋土深度大,由于管材是复合管材,承受内水压力可达 2~3 MPa,最高可达 5 MPa,预应力钢丝可多层重叠,故也可适应埋土的较大深度。

钢筒混凝土管可适应腐蚀性土壤的恶劣环境,在一般性土壤中敷设,由于混凝土、砂浆使钢筒四周受高碱性环境保护,钢材处于钝化状态,可以减缓腐蚀。若埋设在腐蚀性强的土壤中,通常管外壁应做防腐处理,必要时将管体之间的钢筒端面用导线连接在一起,采取牺牲阳极的阴极保护措施进行更好的保护。

4) 玻璃钢夹砂管

玻璃钢夹砂管是以液态不饱和聚酯作固化剂,用玻璃纤维做增强材料制造的一种复合管道。当管径较大时,为了减少树脂用量,既降低成本又保证管道的刚度和承压能力,在生产时掺入适量的石英砂,则成为夹砂玻璃钢管,按照生产工艺不同,又分为离心浇铸夹砂玻璃钢管(采用短切玻璃纤维,离心浇铸成型)和缠绕夹砂玻璃钢管(采用长纤维缠绕成型),两种工艺生产的玻璃钢管特性是相近的,目前大多由引进的国外技术设备生产。

给水用玻璃钢夹砂管用食品卫生级不饱和树脂做致密内衬层(厚约 2 mm),能起到良好的防渗透和防腐蚀作用。中间玻璃钢结构层用长玻璃纤维做环向缠绕和交叉缠绕,聚酯树脂固化。对 DN > 600 mm 的管道,在两玻璃钢结构层之间做树脂夹砂层。结构层起强度保证作用,其厚度根据管径和承压等级确定

虽然玻璃钢夹砂管的壁厚相对管径而言比较薄(P = 0.6 MPa,DN1 200 管,壁厚仅 19.6 mm),但由于玻璃钢强度高,加之从管道受力分析考虑的缠绕和夹砂工艺,玻璃钢夹砂管环向刚度大,一般为 5 000 N/m²,最高可达 10 000 N/m² 以上,因此可用作将承受内外压力的埋地管道。

与目前常用的输水管材相比,玻璃钢夹砂管具有一系列优点。

(1)质量轻,其比重仅 1.6~2.0,是钢材的 1/4~1/5,DN1 000。工作压力为 0.6 MPa 的 PRM 管,壁厚 17 mm,每米质量不到 100 kg,仅为同径、同压力等级钢筋混凝土给水管质量的 1/8。

(2)强度高,环刚度大,不仅耐内、外压力高,还有较高的耐冲击强度,单根管长通常可达 12 m,与钢筋混凝土管和铸铁管相比,可减少一半以上的接头,这对安全供水是很有意义的。

(3)由于质量轻,单管长,因此起吊、运输、土方工程和安装费用省,这对在交通不便,起重设备难以到达的山区敷管特别有利。即便在平坦地段安装,也很简便易行。

(4)玻璃钢夹砂管采用双“O”形橡胶圈密封,连接后可单独对接口的密封性进行试压检验,确保整条管道施工完成后一次试压成功,运行时管接口胶圈不易冲脱造成泄漏事故。

（5）玻璃钢夹砂管管道内壁光滑，水流阻力小，输水能耗大大低于钢筋混凝土管和金属管。

（6）玻璃钢为化学惰性材料，耐腐蚀性能好，不需另做防腐处理，适用于各种土壤条件，使用寿命长达 50 年。

（7）玻璃钢夹砂管管壁致密不裂缝，管内光滑，长期运行也不会因结垢或滋生铁细菌等微生物而影响水质和降低过水能力。

（8）玻璃钢夹砂管采用食品卫生级聚酯树脂做内衬，增强材料为无碱或中碱无捻玻璃纤维和石英砂，所制成的管道符合 GB/T 13115 食品容器卫生标准，无毒，经卫生防疫部门鉴定适用于输送生活饮用水。

（9）玻璃钢夹砂管对温度适应性强，其范围宽达 $-70\ ℃ < T < 250\ ℃$，即使在冻土地带管道也不会开裂，无论高寒山区、沙漠戈壁，均可安全使用。

（10）国内生产的玻璃钢夹砂管管道已达到国际先进水平。

（11）在相同水力条件下，同管径玻璃钢夹砂管比钢筋混凝土管及钢管、铸铁管过水能力大 40% ~60%。

（12）在相同水力条件下，DN700 玻璃钢夹砂管与 DN800、铸铁管过水能力相当；自DN800 起玻璃钢夹砂管比大一号的钢筋混凝土管、钢管、铸铁管过水能力大 5% ~23%。

（13）在相同水力条件下，管径越大的玻璃钢夹砂管比同管径的钢筋混凝土管、钢管、铸铁管过水能力大得越多。

5）钢筋混凝土管

钢筋混凝土管以其抗渗耐久性、抗折性能好、抗腐蚀、无污染、施工安装方便、价格低廉等优点代替金属管材在给水工程中得到广泛应用。但也存在自重大，与附件连接需要特制转换件的缺点，在运行中容易造成漏水事故。钢筋混凝土管由于自身结构限制，在阀门、弯管、跨河、排气、排泥等地段要求采用同径钢管，在钢管与钢筋混凝土管连接处用转换接头。钢筋混凝土管可承受的工作压力比较小，为 0.4~0.1 MPa。

2. 管材确定

对于大口径的长距离输水管多采用预应力钢筒混凝土管、钢管、球墨铸铁管。球墨铸铁管、钢筒混凝土管虽然自身重量较大，但强度高，抗震、抗腐蚀性能好。钢管由于本身整体性较好，对地基基本不需做特殊处理。

球墨铸铁管、钢筒混凝土管管材采用橡胶圈柔性接口，对于地基的不均匀沉降，接口通过借转角进行适应，其适应能力有限。钢管虽为刚性接口，但因为钢材本身的变形能力强，接口强度高，具有很好的整体性，对地基不均匀沉降的适应性较强。此外，采用橡胶圈接口的管道虽然管材本身使用寿命较长，但其接口的严密性受到橡胶圈的质量限制，橡胶圈老化、损坏的年限可能远小于管材本身的使用寿命，从而产生接口漏损。同时，采用柔性接口的管道不能通过接口传递延管线的接力，在管道转弯、分支、末端等处须转换为钢管设置支墩、拖拉墩，也相应地增加了管线投资。

钢管、球墨铸铁管具有较好的抗外力破坏能力，钢筒混凝土管、玻璃钢夹砂管相对较差。玻璃钢夹砂管对回填土料及回填密实度要求非常高。

玻璃钢夹砂管具有最好的耐腐蚀能力，无须采用防腐处理措施。钢管耐腐蚀能力最差,必须进行有效的防腐处理。球墨铸铁管及钢筒混凝土管由于其材料的特点也具有较好的耐腐蚀能力。

钢管腐蚀后一般是产生穿孔渗漏,不易发生爆管事故,管道渗漏后的修补也较其他管材容易。其他管材爆管后一般需要换管段,因此维修工期较长。

本工程引水管道管径 DN600,由于管道内水压力比较大,在满足技术条件要求前提下,钢管比其他管材价格便宜,更能节省工程造价,建议管材采取现场建厂制作的形式,以减少运输损耗等费用。

各种管材的综合比较见表5-21。

表5-21　引水管材比较

项目	钢管	球墨铸铁管	钢筋混凝土管	钢筒混凝土管	玻璃钢管
优点	1.强度高; 2.抗渗、搞震好; 3.质量小; 4.安装运输方便	1.强度高; 2.抗腐蚀力比钢管强; 3.使用年代久	1.价格便宜; 2.防腐性能好; 3.节省钢材	1.强度高; 2.抗震、抗腐性能好; 3.接头密封性能强	1.内外壁光滑,水力条件好; 2.管径,施工运输方便; 3.寿命长; 4.耐腐蚀,不结垢
缺点	1.价格较高; 2.内外壁需防腐,抗腐差; 3.焊接工作量大	1.价格较高; 2.运输不便	1.管体笨重,运输不便; 2.无标准配件; 3.施工不便; 4.易漏水	1.质量大; 2.运输安装不便; 3.价格偏高	1.价格较贵; 2.柔性管材对管道基础要求高
每米管材平均投资	600元	800元	650元	800元	1 000元

经综合比较,本阶段推荐选用钢管作为输水管道的管材。

5.5.2.3　供水管道管径比选

为了节约工程造价,做到输水工程单位造价经济,在保证供水安全的情况下,本输水工程对新建的输水管道进行技术经济比较,以确定输水管的规格。本节对二级电站前池至巴定水库的管道进行经济流速和水头管径的比选。

根据《水力计算手册》公式:

$$D = \sqrt{\frac{4Q}{\pi v_P}}$$

式中:Q 为流量;v_P 为允许流速,查《水力计算手册》,可取 $1.0 \sim 3.0$ m/s。

在设计流量不变的前提下,根据管道流速初步拟定几种管径进行技术经济比较,最终确定综合最优的输水管规格。

从表5-22可以看出,在满足供水及管道流速的要求下,DN600 规格的输水管最经济合适,因此输水管采用 DN600 规格。

表 5-22　巴定水库至巴马水厂输水管比较

项目	DN500	DN600	DN700
单位长度质量(kg/m)	125.77	150.44	175.1
设计流量(m^3/s)	0.65	0.65	0.65
设计流速(m/s)	1.233	1.665	2.146
地形高差(m)	108	108	108
沿程水头损失(m)	25.74	36.59	49.14
局部水头损失(m)	0.62	1.13	1.86
总水头损失(m)	26.36	37.72	50.99
实际最大流量(m^3/s)	0.484	0.785	1.179
是否达到设计流量	流量不足	达到	达到

5.5.3　巴定水库至巴马水厂输水渠道

该段渠道于 1977 年建成,由盘山明渠、17 座渡槽及 1 座隧洞组成,全长 7 702 m,其中明渠 5 851 m,渡槽 1 454 m,隧洞 397 m。在桩号 2 +120 处有一分水口,分水后紧接一渡槽,渡槽长 108 m。该渠道经过 34 年的运行,存在渠系建筑物老化损坏、渠道渗漏和淤积等问题。现状各渠段特征见表 5-23。

5.5.3.1　渡槽

1. 存在问题

该渠段渡槽于 1976 年 11 月 19 日开工建设,1997 年上半年完工,由当地民兵营施工队、南宁地区水电施工队帮助吊装完成,其中梁式渡槽 5 个,拱式渡槽 13 个,总长为 12 ~ 490 m 不等。经过 34 年的运行,各渡槽不同程度地存在以下问题:

(1)根据第 4 章供水规模计算,巴马县城区至规划水平年 2030 年供水流量为 0.59 m^3/s,加上农田灌溉等其他用水,该渠段加大设计流量为 1 m^3/s,经断面复核,部分渡槽过流量偏小。

(2)部分槽身为预制钢筋混凝土板组装结构,经多年运行,混凝土出现裂缝,钢筋外露,接缝处砂浆脱落,漏水严重。

(3)部分槽身为浆砌条石,经多年运行,条石风化,砂浆脱落,漏水严重。

(4)主拱圈、腹拱、排架混凝土碳化严重,棱角有损毁,部分钢筋外露,严重影响渡槽结构的安全。

(5)部分槽身无盖板,栏杆断裂,影响管理人员的人身安全。

2. 改造方案

根据各渡槽存在的问题,本次设计保留渡槽 1 座、维修加固 2 座、拆除重建 15 座。

各渡槽存在问题及改造方案见表 5-24。

表5-23　现状巴定水库至巴马水厂引水渠道特性

名称	桩号	长度(m)	坡降	进口高程(m)	出口高程(m)	底宽(m)	渠高(m)	现状断面过流量(m³/s)	说明
1#明渠	0+000—0+025	25	0.0016	287.85	287.81	1.6	1.3	2.23	2009年新建
1#渡槽	0+025—0+057	32	0.0016	287.81	287.76	1.6	1.3	2.20	2009年新建
2#明渠	0+057—0+728	671	0.0008	287.76	287.25	1.06	1.2	0.77	
2#渡槽	0+728—0+768	40	0.0015	287.25	287.19	1.2	1.23	1.33	双柱排架,8跨
3#明渠	0+768—1+338	570	0.0007	287.19	286.81	1.1	1.2	0.76	
3#渡槽	1+338—1+378	40	0.0013	286.81	286.76	1.27	1.17	1.23	单跨拱
4#明渠	1+378—1+636	258	0.0009	286.76	286.54	1.4	1.1	1.06	
4#渡槽	1+636—1+688	52	0.0017	286.54	286.47	1.32	1.1	1.39	单跨拱
5#明渠	1+688—1+814	126	0.0004	286.47	286.38	1.2	1.2	0.66	
5#渡槽	1+814—1+878	64	0.0017	286.38	286.29	1.24	1.07	1.22	单跨拱加双柱排架
6#明渠	1+878—2+146	268	0.0013	286.29	286.29	1.16	1.1	1.01	
6#渡槽	分水口	108	0.0011	286.06	285.94	1.12	0.8	0.54	分水口,单跨拱加双柱排架
7#渡槽	2+146—2+218	72	0.0019	285.94	285.80	1.22	1.2	1.50	单跨拱
7#明渠	2+218—2+770	552	0.0005	285.80	285.55	1	0.9	0.36	
8#渡槽	2+770—2+888	118	0.0025	285.55	285.26	1.13	1.11	1.35	单跨拱加双柱排架
8#明渠	2+888—3+358	470	0.0006	285.26	284.99	1	0.9	0.40	
9#渡槽	3+358—3+430	72	0.0010	284.99	284.92	1.18	1.2	1.01	单跨拱加双柱排架
9#明渠	3+430—3+610	180	0.0003	284.92	284.86	0.9	0.85	0.24	
10#渡槽	3+610—3+662	52	0.0012	284.86	284.80	1.1	1.16	0.95	单跨拱加双柱排架

续表 5-23

名称	桩号	长度(m)	坡降	进口高程(m)	出口高程(m)	底宽(m)	渠高(m)	现状断面过流量(m³/s)	说明
10#明渠	3+662—3+719	57	0.003 3	284.80	284.61	0.9	0.85	0.77	
11#渡槽	3+719—3+759	40	0.001 3	284.61	284.56	1.22	1.16	1.14	单跨拱
11#明渠	3+759—3+952	193	0.001 0	284.56	284.37	0.9	0.9	0.45	
12#渡槽	3+952—4+010	58	0.000 3	284.37	284.35	1.05	1.13	0.47	单跨拱
12#明渠	4+010—4+152	142	0.000 7	284.35	284.25	1.1	0.95	0.55	
13#渡槽	4+152—4+188	36	0.000 8	284.25	284.22	1.3	1.15	1.01	单跨拱
13#明渠	4+188—4+346	158	0.001 4	284.22	284.00	0.7	0.8	0.32	
隧洞	4+346—4+743	397	0.004 8	284.00	282.08	1	0.7	1.04	城门洞型
14#明渠	4+743—6+118	1 375	0.002 2	282.08	279.00	0.6	0.6	0.20	
14#渡槽	6+118—6+194	76	0.001 6	279.00	278.88	0.55	0.63	0.19	单跨拱加双柱排架
15#明渠	6+194—6+733	539	0.000 5	278.88	278.63	0.6	0.8	0.15	
15#渡槽	6+733—7+223	490	0.001 0	278.63	278.12	1.43	0.95	0.96	6跨拱
16#明渠	7+223—7+276	53	0.000 6	278.12	278.09	1.2	1.3	0.88	
16#渡槽	7+276—7+396	120	0.000 5	278.09	278.03	1.4	0.75	0.44	多跨石拱
17#明渠	7+396—7+563	167	0.001 1	278.03	277.85	1	0.9	0.55	
17#渡槽	7+563—7+575	12	0.003 3	277.85	277.81	1.16	1.1	1.61	单跨
18#明渠	7+575—7+622	47	0.001 5	277.81	277.74	0.7	0.7	0.27	
18#渡槽	7+622—7+702	80	0.000 9	277.74	277.67	0.63	0.7	0.18	多跨墩柱
小计		7 810							包括6#渡槽

表 5-24　巴定水库至巴马水厂渡槽存在问题及改造方案

名称	现状断面过流量（m³/s）	改造后断面过流量（m³/s）	存在问题	改造方案
1#渡槽	2.2	2.2	2009 年除险加固时新建	保留
2#渡槽	1.33	1.33	1.槽身钢筋露筋，混凝土有裂缝，漏水严重。 2.排架混凝土棱角有损毁，钢筋外露。 3.栏杆破损	拆除重建
3#渡槽	1.23	1.23	1.槽身预制侧板混凝土有裂缝，漏水严重。 2.腹拱混凝土碳化严重，有露筋现象。 3.混凝土拱圈棱角有损毁，钢筋外露。 4.部分栏杆断裂	拆除重建
4#渡槽	1.39	1.39	1.槽身为浆砌条石，条石风化，砂浆脱落，漏水严重。 2.腹拱混凝土碳化严重，有露筋现象。 3.混凝土主拱圈棱角有损毁，钢筋外露。 4.部分栏杆断裂	拆除重建
5#渡槽	1.22	1.22	1.槽身为浆砌条石，条石风化，砂浆脱落，漏水严重。 2.腹拱混凝土碳化严重，有露筋现象。 3.混凝土主拱圈棱角有损毁，钢筋外露。 4.排架混凝土棱角有损毁，钢筋外露。 5.部分栏杆断裂	拆除重建
6#渡槽	0.54	0.86	1.槽身为浆砌条石，条石风化，砂浆脱落，漏水严重。 2.主拱圈混凝土碳化严重，棱角有损毁，钢筋外露。 3.排架混凝土棱角有损毁，钢筋外露，锈蚀严重。 4.无盖板，部分栏杆断裂	拆除重建
7#渡槽	1.5	1.5	1.槽身为浆砌条石，条石风化，砂浆脱落，漏水严重。 2.主拱圈混凝土碳化严重，部分钢筋外露。 3.腹拱混凝土碳化严重，有露筋现象。 4.部分栏杆断裂	拆除重建
8#渡槽	1.35	1.35	1.槽身预制板混凝土有裂缝，漏水严重。 2.排架混凝土棱角有损毁，钢筋外露。 3.双曲混凝土主拱圈碳化，部分钢筋外露。 4.部分栏杆破损、断裂	拆除重建
9#渡槽	1.01	1.34	1.槽身预制板混凝土破损严重，存在漏水现象。 2.排架混凝土棱角有损毁，钢筋外露。 3.混凝土主拱圈碳化，部分钢筋外露。 4.部分栏杆破损、断裂	拆除重建

名称	现状断面过流量（m³/s）	改造后断面过流量（m³/s）	存在问题	改造方案
10#渡槽	0.95	1.1	1.过流断面略小。 2.槽身预制板混凝土有裂缝,漏水严重。 3.排架混凝土棱角有损毁,钢筋外露。 4.混凝土主拱圈碳化,部分钢筋外露。 5.栏杆破损、断裂现象严重	拆除重建
11#渡槽	1.14	1.14	1.槽身和腹拱为浆砌条石,条石风化,砂浆脱落,漏水严重。 2.双曲混凝土主拱圈棱角有损毁,钢筋外露。 3.部分栏杆断裂	拆除重建
12#渡槽	0.47	1.02	1.过流断面小。 2.槽身为浆砌条石,条石风化,砂浆脱落,漏水严重。 3.腹拱混凝土碳化严重,有露筋现象。 4.混凝土主拱圈棱角有损毁,钢筋外露。 5.部分栏杆断裂	拆除重建
13#渡槽	1.01	1.01	砌石拱圈,主体结构较好	保留,维修加固
14#渡槽	0.18	1.25	过流断面太小	拆除重建
15#渡槽	0.96	1.06	1.槽身预制板单薄,有裂缝,漏水严重。 2.四条中墩为预制空心水泥砖砌筑,部分砂浆脱落,水泥砖碳化。 3.排架混凝土棱角有损毁,钢筋外露,锈蚀严重。 4.双曲混凝土主拱圈部分钢筋外露,存在锈蚀现象。 5.栏杆破损、断裂现象严重。 6.槽身下为一条通往巴定乡的县道,严重威胁路上行人安全	拆除重建
16#渡槽	0.44	1	过流断面太小	拆除重建
17#渡槽	1.61	1.61	单跨钢筋混凝土结构,主体结构较好	保留,维修加固
18#渡槽	0.18	1.31	过流断面太小	拆除重建

5.5.3.2 明渠

1.存在问题

该渠段明渠全长 5 851 m,始建于 1976 年,1977 年完工,为混凝土墙和砖墙结构,表

面砂浆批荡。经过 34 年的运行,各渠段不同程度地存在以下问题:

(1)根据第 4 章供水规模计算,巴马城区至规划水平年 2030 年供水流量为 0.59 m³/s,加上农田灌溉等其他用水,该渠段加大设计流量为 1 m³/s,经断面复核,部分渠段过流量偏小。

(2)渠道断面均为矩形断面,墙厚 0.2 ~ 0.3 m 不等,部分混凝土墙和砖墙损毁倒塌。

(3)部分盘山明渠段砂浆防渗层脱落,存在漏水现象。

(4)渠道一侧山坡较陡,有一处出现滑坡现象。

2. 改造方案

根据各段明渠存在的问题,本次设计保留明渠长 25 m、拆除重建 2 448 m、拆除重建一侧,另一侧加厚 3 378 m,对滑坡山体进行混凝土格栅内植草治理。

各段明渠存在问题及改造方案见表 5-25。

表 5-25 巴定水库至巴马水厂明渠存在问题及改造方案

名称	现状断面过流量（m³/s）	改造后断面过流量（m³/s）	存在问题	改造方案
1#明渠	2.23	2.23	2009 年除险加固时新建	保留
2#明渠	0.77	1.22	过流量不够,部分混凝土墙损毁倒塌	拆除重建一侧挡墙,另一侧加厚
3#明渠	0.76	1.14	过流量不够,部分砖墙损毁倒塌,渠道漏水	拆除重建一侧挡墙,另一侧加厚
4#明渠	1.06	1.29	部分混凝土墙损毁倒塌	拆除重建一侧挡墙,另一侧加厚
5#明渠	0.66	1.18	过流量不够,部分砖墙损毁倒塌,渠道漏水	拆除重建一侧挡墙,另一侧加厚
6#明渠	1.01	1.6	部分砖墙损毁倒塌,渠道漏水	拆除重建一侧挡墙,另一侧加厚
7#明渠	0.36	1.01	过流量不够,部分砖墙损毁倒塌,渠道漏水	拆除重建
8#明渠	0.4	1.06	过流量不够,部分混凝土墙损毁倒塌	拆除重建
9#明渠	0.24	1.01	过流量不够,部分砖墙损毁倒塌	拆除重建
10#明渠	0.77	1.5	过流量不够,部分砖墙损毁倒塌,渠道漏水	拆除重建一侧挡墙,另一侧加厚

名称	现状断面过流量（m³/s）	改造后断面过流量（m³/s）	存在问题	改造方案
11#明渠	0.45	1.38	过流量不够,部分混凝土墙损毁倒塌	拆除重建
12#明渠	0.55	1.17	过流量不够,部分砖墙损毁倒塌,渠道漏水	拆除重建
13#明渠	0.32	1.23	过流量不够	拆除重建
14#明渠	0.9	1.38	过流量不够	拆除重建一侧挡墙,另一侧加厚
15#明渠	0.15	1.06	过流量不够	拆除重建
16#明渠	0.88	1.05	过流量略小	拆除重建一侧挡墙,另一侧加厚
17#明渠	0.55	1.45	过流量不够,部分砖墙损毁倒塌,渠道漏水	拆除重建
18#明渠	0.27	1.3	过流量不够,部分砖墙损毁倒塌,渠道漏水	拆除重建

5.5.3.3 隧洞

该渠段隧洞长 397 m,建于 1976 年,为城门洞型,现状宽 0.7 m、高 1.05 m,经复核计算现状过流量为 0.64 m³/s,小于该渠段加大设计流量 1 m³/s。本次拟进行扩孔改造,初步计算,洞宽加宽至 1 m,洞高至 1.50 m,洞身采取钢筋混凝土衬砌,衬砌厚度:洞底为 0.12 m,墙和洞顶厚度为 0.3 m。

第6章　金属结构、机电与消防

所略水库水源工程主要任务为向巴马城区、周边及供水工程沿线乡村供水,最高日供水规模为 5.12 万 m^3/d。原水从枢纽经压力水管放出后,经总干隧洞至二级站前池,再经新建输水管道至巴定水库,沿现有输水渠道进入巴马水厂。二级站前池底部高程 526.7 m,巴马水厂周边地势高程不超过 310 m,因此采用全线自流的输水方式。

6.1　金属结构

根据工程布置,本工程的金属结构部分包括溢洪道新设工作闸门 5 扇,放空孔更换工作闸扇以及二级电站前池至巴定水库间的新建输水钢管。

溢洪道 5 孔工作闸门,底坎高程 579.3 m,中间 3 孔每孔闸孔尺寸为 $b \times h = 8.2$ m $\times$ 3.7 m,两边 2 孔的闸孔尺寸为 $b \times h = 8.35$ m $\times 3.7$ m。闸门采用平面钢闸门,动水启闭,选用水闸为露顶液压启闭式平面闸门,液压启闭机型号为 QPPYⅠ $-2 \times 160 - 8$。

放空孔出口底板高程 526.8 m,设计水头 60.0 m,闸门孔口尺寸为 1.8 m $\times$ 2.0 m,平面滑动钢闸门,配置螺杆启闭机。

从二级电站前池至巴定水库间的输水管道为 DN600 的 Q235B 钢管,长 7 530 m,约需 1 140 t 钢板,钢管现场制作安装,同时在管上安装 6 个放空阀和 8 个排气阀。

6.2　电　气

本次扩容涉及的用电主要为溢洪道新设闸门启闭设备(55 kW)用电及放空闸门启闭设备(11 kW)用电。所略水库原设计的主要功能为发电,坝下建有一级发电站及相关运行管理设施,高低压电已至坝下,故本次溢洪道新设闸门用电及更换放空闸门的用电均可直接用电缆从坝后变压器引用,在溢洪道闸门启闭室配置相应的低压配电屏及低压动力箱即可。

6.3　消　防

本工程主要火灾危险部位有:①坝区变电所;②电缆沟、道,户内外电缆沟相接封堵处。

本水库工程水源丰富,但主要场地和主要设备不多,火灾特征主要为电气火灾,电气设备又较集中。根据这一特点,采用移动式消防器扑灭初期火灾不但有效,而且具有快速、灵活、使用方便等优点。配置一定数量的手提式灭火器、推车式灭火器,并在灭火器的选择上考虑了灭火时不导电、不爆炸、灭火后不造成任何污染等特点。

本水库工程地处偏远山区,远离城市。因此,防火设计着重于"立足自救"。因环境温度有低于 0 ℃的时候,灭火方式按规范选用 4 个移动式 1301 卤代烷灭火器,所有电缆选用阻燃电缆,电缆沟内设置防火隔板,隔板的耐火极限不低于 0.75 h,电缆进出配电盘等的孔洞采用防火堵料封堵。

值班室通道设计宜满足《水利水电工程设计防火规范》(SL 329—2005)中疏散出口的规定,上坝公路的路面宽度满足规范中消防车道的宽度要求,左坝肩预留回车场地。

第7章 施工组织设计

7.1 施工条件

7.1.1 工程概况

所略水库位于河池市巴马县所略乡六能村,红水河一级支流灵奇河源头坤屯河上,在坤屯村上游 600 m 河段处,距离巴马县城 33 km。

所略水库工程为Ⅲ等,工程规模为中型工程,输水渠道为5级建筑物。坝址处控制集雨面积 110.7 km²,多年平均流量 3.00 m³/s,水库正常蓄水位 583.0 m,兴利库容 2 967.3 万 m³,校核洪水位 585.96 m,工程总库容 3 747.26 万 m³,为年调节水库。

输水渠道总长 25.742 km,以巴定水库为中转水库,向巴马水厂供水,其中从坝首至二级站前池 10.51 km 与巴定水库至巴马水厂间 7 702 m 的输水渠道为现有改建,二级站前池至巴定水库间的输水管道 7 530 m 为新建。

所略水库扩容的主要任务是解决巴马城区,城区周边及输水渠道沿线所略乡、巴马镇的所缺用水,同时尽量减少对原梯级电站发电效益的影响,水库功能为以供水、发电为主,兼防洪功能。

工程施工的特点是:本工程为所略水库枢纽扩容续建及输水渠道改建整治工程,输水线路较长,相应使得施工点十分分散,工程施工可以多个工作面同时进行。工程除二级站前池至巴定水库段为新建输水管线外,均为已经建成的工程,根据当地气候条件和水文特点,关键工程施工期安排在 10 月至翌年 4 月。

7.1.2 对外交通条件

所略水库位于所略乡六能村,有上坝公路直通坝顶,坝址附近及工程沿线有龙田乡镇公路通过,公路四通八达,国道 G323、省道 S208 交会于县城,是桂西通往桂东南沿海地区和大西南地区的要道之一。巴马经东兰县向东与西南出海大通道水(任)南(宁)高速公路、黔桂铁路、金(城江)宜(州)一级公路、宜柳高速和桂海高速公路连接,西与南昆铁路、百色机场南(宁)百(色)高速公路连接,水路从县城可达红水河流域各港口,施工交通便利。

7.1.3 工程布置,施工场地条件,水文、气象情况

本水源工程主要由水库枢纽、输水渠道及相应的辅助工程组成。所略水库扩容主要是对现状双曲拱坝续建配套,包括溢洪道增设 5 扇闸门、大坝整险加固与完善配套、两端山体整治与加固、进库公路建设、库区治理建设、管理观测设施建设等。输水渠道包括所略水库至二级水电站前池之间已有输水渠道除险加固、二级电站至巴定水库间新建输水

管道、巴定水库至县水厂间已有输水渠道工程除险加固及巴定水库进库公路建设,渠道总长 25.742 km,包括 9 033 m 明渠、20 座渡槽 1 690 m、4 处隧洞 7 477 m、压力钢管 7 530 m。巴定水库为中间调节水库。

所略水库位于坤屯河谷,地势北西高、南东低,以中低山构造剥蚀地貌为主,山体连绵起伏,山顶高程 750~1 020 m,相对高差 250~500 m。库区无低洼拗口,与邻谷之间的分水岭厚度 2~5 km,坤屯河自北向南流经坝区,在下游汇入六能暗河。输水渠道沿线大部分地段是沿半山坡分布,仅局部地段沿山脊分布,工程沿线为中低山构造剥蚀地貌,河谷呈开阔的 V 字形,山体坡度较缓,地表坡度为 20°~40°,两岸大多为第四系残积层覆盖。本区地形表现为北部及西部较高,东南部逐渐变低,属侵蚀型地形地貌,植被以杂草、灌木为主,少量乔木和经济林,覆盖率较高。库区周围山坡较多,位置高程合适的场地不多,位于坝址下游的山坡稍为平缓,渠道沿线有台地,可满足布置施工场地要求。

巴马县属亚热带山区类型,雨量充沛,气温宜人。根据巴马县气象站 40 多年资料统计,多年平均降水量 1 560 mm,最大年降水量 2 211.3 mm(1993 年),最小年降水量 1 066.5 mm(1963 年),暴雨量集中在 5~8 月,多年平均蒸发量 1 503.1 mm,多年平均气温 20.6 ℃,极端最高气温 39.1 ℃,极端最低气温 −5.2 ℃,多年平均相对湿度 81%,多年平均最大风速 22 m/s。所略水库修建在坤屯河上,控制流域面积 110.7 km²,水库多年平均径流量 9 475.6 万 m³,多年平均流量 3.00 m³/s。

7.1.4 建筑材料来源,水、电供应条件

所略枢纽及坝首至二级站前池段的输水渠道所需材料可到弄怀村北面山坡料场(六能暗河进口对面山)开采,从二级站前池至巴定水库及巴定水库至巴马水厂段渠道所需材料可到位于那桑东北面山坡料场开采,料场距那桑村约 500 m,工程区范围内没有可供直接利用的天然砂卵砾石料场,工程建设所需的细骨料只能通过人工在各料场加工生产解决,位于巴定水库坝址下游 600 m 的北面土坡可作为土料场。

本工程所需的钢筋、水泥计划从巴马县市场购买,运距为 33 km,木材在当地解决。

本工程用电比较方便,所略坝首及二级站施工用电计划电源可直接取自坝下电站或二级站,通过降压使用。另外,在工地还需设置一定容量的柴油发电机组,作为备用电源。

施工及生活用水从沿线河中或巴定水库抽取,经水质分析,水源对人体无害,对混凝土无侵蚀性,河(库)水可直接用于施工,水质满足施工及生活用水要求。

7.2 施工导流

本水源工程内容包括大坝枢纽扩容续建、输水渠道改建与新建等。枢纽工程扩容维持坝顶高程不变,主要对枢纽进行续建加固,包括溢洪道加设 5 扇闸门,对坝顶栏杆、坝后栈桥、坝肩滑坡、上坝公路以及相应的监测监控系统进行续建整治,其中溢洪道等工程安排在非汛期施工,不影响枢纽的发电、防洪,因此枢纽部分续建加固施工时不需另设施工导流措施,利用大坝发电引水口及放空孔即可。

本工程 25.742 km 引水渠道中,从所略水库坝首至二级电站前池段 10.51 km 渠道为

现有发电总干渠,从巴定水库至巴马水厂段 7 702 m 段渠道为现有的供水渠道,本次只是对该两段进行整治加固,拆除、改建部分渠系建筑物,对部分明渠进行拆除重建;从二级电站前池至巴定水库间 7 530 m 长、DN600 钢管道为新建段,管道基本沿山坡走势而建,现场制作,浅埋处理。因此,整个输水渠道也不涉及施工导流问题,但在施工时应注意山洪及滑坡灾害问题,做好相应的支挡措施。

7.3　主体工程施工

本工程主要施工项目有溢洪道加设闸门、坝后栈桥修建、消力池重新护砌、左侧坝肩支护、增设监测监控系统、修建上坝公路、整治已有输水渠道并新建输水管道等。按工程特点,施工项目分为枢纽部分和渠系部分两大部分,需完成主要工程量见表 7-1,主要施工项目有土方开挖、石方开挖、土方回填、混凝土浇筑、钢筋制作安装、模板等。

表 7-1　主要土建工程量汇总

序号	项目名称	单位	数量
1	土方开挖	m^3	159 106
2	土石方填筑	m^3	49 540
3	混凝土浇筑	m^3	26 656
4	钢筋制作安装	t	1 290
5	模板	m^2	133 326

7.3.1　枢纽部分施工

所略水库大坝为双曲混凝土拱坝,最大坝高 65.5 m,坝顶上游面弧长 245.05 m。枢纽部分的关键工作是溢洪道加设闸门。本次对枢纽进行的各续建项目基本上互不干扰,可以独立施工,包括溢洪道混凝土浇筑、金属结构安装、坝后工作栈桥安装、消力池重新铺砌、左坝肩滑坡支护、修建上坝公路以及监测监控系统安装等。

混凝土施工主要是指溢洪道控制段的混凝土浇筑,工期在 10 月至翌年 4 月,利用坝顶及上坝公路进行施工。溢洪道混凝土浇筑前,先打去 0.7 m 的堰顶,再用高压水枪将堰顶及两侧墙冲洗干净。清洗后的基面在混凝土浇筑前保持洁净和湿润。由自卸汽车运至工作面附近,卸入 3 m^3 吊罐,由门机吊入仓,插入式振捣器平仓振捣。钢筋经加工厂加工后由运输汽车拉入施工场地附近,人工卸料安装。工程的模板大部分采用钢模板,局部异形结构采用木模板。模板在加工厂成形后,由汽车运至坝头,由门机吊至安装部位。模板支立前,应先进行准确的测量定位放样,并设置明显的标志,然后方能进行模板支立。模板支立要严格按测量放样进行,保证位置、形状尺寸的准确,支模过程中要进行临时固定,然后按照测量校核修整,准确后进行固定。保证在其他工序施工时不变形、不变位。模板支立完成后,应在混凝土浇筑前涂刷脱模剂,以保证拆模后的混凝土表面光滑。拆模严格按规范规定时间进行,且在拆除后及时清理模板表面。

金属结构按运输单元件从制造厂家运至巴马县城,再用平板车运至金属结构拼装场。金属结构主要是闸门安装,由厂家制作好分块运至现场,采用门机吊装就位,现场定位后焊接成整体。

7.3.2 渠系部分施工

渠系部分主要包括明渠、渡槽、隧洞、管道等建筑物,主要工程项目有基础土石方开挖、浆砌石砌筑、钢筋混凝土浇筑、钢管安装、土石方回填、配套部件等。该项工程较为分散,数量多,由于主要是原有的输水线路进行整修加固,新建管道也主要沿山坡施工,故可以全年施工。

工程的施工次序为:先进行基础土石方开挖,其次自下而上进行钢筋混凝土浇筑和浆砌石砌筑,然后进行土石方回填,最后进行配套部件等的安装。

工程施工时,土石方开挖和填筑均采用机械施工,人工配合,但土石方填筑时必须采用小型机械,不得影响建好的建筑物的稳定;浆砌石采用灰浆搅拌机拌制砂浆,人工砌筑;混凝土施工采用 $0.4~m^3$ 混凝土拌和机集中拌和,用手扶拖拉机和人力斗车运送入仓,人工平仓,插入式振捣器和小平板式振捣器振捣,人工抹平;钢筋制作则采用钢筋切断机切割,钢筋弯曲机弯曲,人工绑扎,部分钢筋采用电焊机焊接。

由于本输水渠道主要沿山坡布置,对于坡度较大(≥25°)的山坡上的渠道,以人工开挖、人力翻斗车运渣、小型机械吊装为主;对于坡度较缓(<25°)的山坡上的渠道,可以辅之部分机械;修道渡槽、隧洞时,则根据需要铺筑临时道路以方便施工。本工程主要土建工程量见表 7-1。

7.3.3 主要施工机械设备

根据以往类似施工经验及本工程施工总进度计划安排等实际情况,本工程需配置的主要施工设备如表 7-2 所示。

表 7-2　主要施工机械设备

编号	机械设备名称	规格型号	单位	数量
一	土石方机械			
	手持式风钻	YT – 23	台	5
	潜孔风钻	YT – 24	台	4
	风镐	CT – 11	台	4
	拖拉机	75 马力		1
	挖掘机	斗容 $1.2~m^3$	台	2
	装岩机	斗容 $0.7~m^3$	台	2
	夯板		台	3

编号	机械设备名称	规格型号	单位	数量
二	起重运输机械			
	门式起重机	30 t	台	1
	塔式起重机	6 t	台	2
	汽车吊	20 t	台	4
	载重汽车	5 t	台	2
	自卸汽车	10 ~ 20 t	台	1
三	混凝土及基础处理机械			
	混凝土拌和楼	2×2.5 m³	座	1
	混凝土拌和机	0.4 m³	台	4
	混凝土搅拌运输车	6 m³	辆	4
	喷浆机	$L = 75$	台	6
	灰浆机	HJJ – 200	台	5
	灌浆机	110/60	台	4
	硬轴振捣器	ZDN100	个	5
	软管振捣器	ZN70	套	5
	附着式振捣器		台	5
	平板振捣器		台	5
四	机修、木材钢筋加工机械			
	普通车床	C630	台	2
	小台钻	Z512	台	2
	电焊机	30 kVA	台	4
	带锯机		台	2
	木工刨床	MK515	台	4

编号	机械设备名称	规格型号	单位	数量
	手提电钻	M32 – 1 – 26	台	4
	钢筋切断机	GJ5 – 40	台	4
	钢调直机	CJ4 – 4/14	台	4
	钢筋弯曲机	CJ2 – 40	台	4
五	风水、电主要设备			
	移动式空压机	内燃 9 m³/min	台	2
	固定式空压机	42 – 20/8	台	2
	供水泵	4BA – 6A	台	1
	离心泵	IS65 – 40 – 200	台	1
六	砂石料生产设备			
	反击式破碎机	PFY1210	台	2
	立轴式破碎机	HX – 750	台	1
	棒条给料机	GZT538	台	1
	电磁给料机	GZ4	台	5
	振动筛		组	2

7.4 施工交通及施工总布置

7.4.1 施工交通

7.4.1.1 对外交通运输

本工程有国道 G323、省道 S208 交汇于县城,水路无条件,上坝公路也已与乡(镇)公路相连。因此,对外交通根据实际需要一般均采用公路运输方式。对外交通公路网络已形成,外来物资可通过公路运至巴马县城,然后用汽车通过公路直运至坝区。

引水线路工程从弄怀隧洞出口后基本上是沿龙田乡(镇)或与之交叉,全长约 25.742 km,工程对外交通方便。每个施工区拟修建施工临时道路 1 km。

7.4.1.2 场内主要交通干线布置

根据工程布置特点及施工程序要求,施工场地按需要分区分别布置,各施工区根据开挖出渣和混凝土运输的需要,拟修建施工临时道路。

总计修临时道路约 15 km。其中,枢纽工程 3 km,引水线路工程 12 km。

7.4.2 施工总布置

根据枢纽布置特点,建筑物布置较为集中,以及施工要求及交通场地状况,枢纽工程施工布置拟设一个施工点布置,场地主要集中在左岸大坝及下游六能村范围内,主要布置综合仓库、加工厂、钢筋加工厂、拌和系统、职工生活区及办公文化福利等。

规划施工区临时用地共计 0.19 hm²,全为林地及荒地。

供水输水工程建筑物布置较为分散,拟设 12 个施工区点布置,原则上隧洞工程每个隧洞口或支洞口附近设一个施工区,相近的渡槽设一个施工区;管线工程设置 2 个施工区;施工区主要布置综合仓库、加工厂、钢筋加工厂、拌和系统、炸药库、职工生活区及办公文化福利等。

供水输水工程规划施工区临时用地共计 18.7 hm²,其中林地、荒山、旱地各占 1/3。

弃渣土场规划与土石方平衡分析详见水保章节。

7.5 施工总进度

7.5.1 施工总进度控制

工程主要建筑物由溢洪道、上坝公路及引水线路工程等组成。各分部在进度安排上相互制约的因素不多,其中溢洪道加设闸门是控制总工期的关键。

工程筹建期为 3 个月,用于筹建工作,项目建设计划进度安排见表 7-3。

初步安排施工总工期为 24 个月,计划第 1 年 9 月进场作施工准备工作,第 3 年 8 月竣工,施工总进度计划方案为:

(1)施工准备期为第 1 年 9~11 月,时间为 3 个月。准备工程包括临时道路、临时房屋的修建,场地平整等临建工程。

(2)溢洪道及枢纽续建加固计划从第 1 年 10 月至第 2 年 8 月完成,历时 11 个月。

(3)坝首至二级站前池段工程计划从第 1 年 12 月至第 2 年的 6 月完成,历时 7 个月。

(4)二级站前池至巴定水库段引水管线工程计划从第 2 年 9 月至第 3 年 2 月,历时 6 个月。

(5)巴定水库至巴马水厂段工程计划从第 1 年 12 月至第 3 年 6 月,历时 20 个月。

(6)竣工清理安排 2 个月,在第 3 年的 7 月、8 月,竣工清理完成的内容包括场地清理、工程交接、竣工资料整理。

7.5.2 主要工程量和材料用量

土石方开挖量 159 106 m³,土石方填筑 49 540 m³,混凝土 26 656 m³,模板 133 326 m²,钢筋 1 290 t。

钢材 1 316 t,水泥 13 328 t,柴油 213.9 t,砂 22 430 m³,块石 2 344 m³。

表 7-3 项目建设计划进度安排

项目	第 1 年			第 2 年													第 3 年							
	9	10	11	12	1	2	3	4	5	6	7	8	9	10	11	12	1	2	3	4	5	6	7	8
施工准备期																								
溢洪道板纽部分续建加固																								
坝首至二级站前池段渠道																								
二级站前池至巴定水库段管道																								
巴定水库至巴马水厂段渠道																								
竣工清理																								

第8章 淹没、工程占地与移民

8.1 工程概况

8.1.1 库区概况

所略水库扩容工程不对水坝进行加高,扩容后校核洪水位低于原设计水位,只将正常蓄水位从 580.0 m 提高至 583.0 m,则水库主河道回水长度增加约 500 m,水库面积增加 0.271 km²,其中 0.136 km² 属河道面积,因库区河谷较陡,陆地淹没面积约 0.383 km²。根据调查,库区常水位新增淹没范围涉及所略乡的六能村及那社乡的那勤村。

库区多为深切河谷,原水库设计施工时,淹没房屋的标准按 20 年一遇设计洪水位、淹没田地山林的标准按 5 年一遇的设计洪水位进行计算补偿。本次扩容主要是对正常蓄水位抬高 3.0 m,水库校核洪水位不增加,现状 583.0 m 高程以下没有住户,耕地也主要是库区居民回耕的部分阶地。库区无集镇、城镇、重要工业企业、矿产资源及文物古迹分布,扩容后淹没损失较小。

8.1.2 输水渠道概况

水库原水经 25.742 km 的输水渠道,从所略水库经巴定水库中转至巴马水厂,经坝首至二级站前池的 10.51 km 渠道为现有渠道,本次只是对其进行整治护砌,不产生新增占地;二级站前池至巴定水库 7 530 m 为新建输水管道,管道沿山坡浅埋处理,管顶距地面 0.8 m,管线占地均为山坡荒地及旱地,不涉及住户搬迁及耕地占用;巴定水库至巴马水厂段 7 702 m 为现有输水渠道,本次对其进行改建加固,部分渠道拆除重建,均在原址进行,不产生新增占地。

8.2 建设征地范围及实物

8.2.1 工程淹没区处理标准、范围

8.2.1.1 工程淹没处理设计洪水标准、范围

根据《水利水电工程建设征地移民安置规划设计规范》(SL 290—2009)关于水库淹没处理设计洪水标准的有关规定,结合所略水库扩容后的库区实际情况,拟定水库淹没影响处理设计洪水标准及范围如表 8-1 所示。

表 8-1　所略水库水源工程水库淹没设计洪水标准

淹没对象	洪水标准(频率,%)	重现期(年)
林地、零星竹木果树、草地	正常蓄水位	—
耕地、园地、鱼塘	20	5
农村居民点、集镇、一般城镇和一般工矿区	5	20

注:一般专业项目按《防洪标准》(GB 50201—2014)和行业技术规范的规定确定。

农村居民迁移线考虑泥沙淤 20 年后,采用 20 年一遇设计洪水回水线确定。由于库区已按 20 年一遇设计洪水位对居民进行了搬迁补偿,而输水渠道沿线也不存在新的房屋搬迁,故本次水源工程没有移民或房屋拆迁问题。

耕地、园地、鱼塘征收线考虑泥沙淤积 20 年后,采用 5 年一遇设计洪水回水线确定。由于库区已按 5 年一遇设计洪水标准对淹没田地、山林进行了计算补偿,输水渠道整治段为现有渠道,新建管道主要沿山坡荒地布置,不涉及新增占用耕地、园地及鱼塘事宜。

本工程淹没与占用的专业项目主要为库区的林地、草地、零星竹木果树等,以及机耕路、人行便道等交通设施,其中林草地按正常蓄水位确定。本次指位于新增淹没范围以内,相关交通设施设计洪水标准在考虑 20 年泥沙淤积基础上,采用 20 年一遇设计回水线确定,在库区原水库正常蓄水位内有部分农用交通桥,由于本次常年淹没水位的抬高,需重建 2 座交通桥,新建 2 座机耕桥。

8.2.1.2　水库回水尖灭点及淹没处理终点位置

根据《水利水电工程建设征地移民安置规划设计规范》(SL 290—2009)的规定,确定水库回水尖灭点,以回水水面线不高于同频率天然洪水水面线 0.3 m 范围内的断面为尖灭点;水库淹没处理终点位置,采取尖灭点水位水平延伸至与天然河道多年平均流量水面线相关处予以确定。

8.2.1.3　水库影响区范围

根据前期设计、安全评价的地质勘查结论及本阶段的库区调查,库区位于坤屯河两岸六恒、定洋、那勒之间,属那勒向斜轴部,地势北西高、南东低,以中低山构造剥蚀地貌为主,库区无低洼垇口,与邻谷之间的分水岭厚度 2~5 km,库区不存在通向邻谷的渗漏通道,不存在永久渗漏问题。河流、溪沟常年有水,呈树枝状向库内径流、排泄,植被良好,水库淤积量少,水库不存在库周浸没问题。输水渠道沿线大部分地段是沿半山坡分布,仅局部地段沿山脊分布。工程沿线为中低山构造剥蚀地貌,河谷呈开阔的 V 字形,山体坡度较缓,地表坡度为 20°~40°,两岸大多为第四系残积层覆盖,属侵蚀型地形地貌,植被以杂草、灌木为主,有少量乔木和经济林,覆盖率较高。但本次扩容正常蓄水位抬高后,又经十多年水库运行,经调查库区有 5 处滑坡,需对其进行处理。

8.2.2　工程建设区范围

根据扩容工程施区布置,确定工程占地范围为 59.82 hm²,其中工程永久占地 40.92 hm²,施工临时用地 18.90 hm²,占地对象包括枢纽区、施工公路、施工营地区、输水渠道等。

8.2.3 建设征地实物

通过对库区及输水渠道沿线的调查,工程不涉及移民及房屋拆迁问题。由于水库校核洪水位没有提高,仅正常蓄水位抬高 3.0 m,输水渠道也主要是对现有渠道整治改建,新建输水管道全线浅埋,故库区及渠道沿线没有新增淹没耕地。

根据本工程的实际情况永久性占地不多,主要为新建库区公路、新建库区拦渣墙、工程管理用房建设占地等,共计划 40.92 hm²。其中,正常水位抬高淹没占地 38.3 hm²;新建库区公路占地 2.1 hm²;拦渣墙 5 处,占地 0.4 hm²;工程管理用房占地 975 m²。所占用的均为荒坡、山地,且在库区的新增占地均为校核洪水位以下,无新征用地。

工程临时占地包括工程建设中的临时公路、临时仓库、临时设施堆放场地、料场、临时住房、管道埋设、渠道除险加固以及临时渣场、弃渣场等。临时占地总面积 18.89 hm²,其中,输水线路施工临时占地 18.7 hm²,枢纽施工临时占地 0.19 hm²。

8.3 专项设施复(改)建规划

根据调查,在水库正常蓄水位 583.0 m 时,无论是库区还是输水渠道沿线,淹没涉及的专业项目均仅为交通设施。

库区的机耕路与人行便道均已后靠重修,本次水库扩容工程,仅将正常蓄水位抬高 3.0 m,不涉及移民、耕地、林果园等,对库区交通影响不大,仅在高水位时可能会淹没库区的 2 座机耕桥。为方便库区居民相互联系和对外交通,需对其进行抬高重建。由于水库常年淹没水位抬高后,部分溪沟、库汊水流加深,水面变宽,使原来很容易跨过或绕过的小溪沟或库汊不能连通,故拟新建 2 座人行便桥。

输水渠道主要是在现有渠道基础上的整治改建,对明渠加盖板、护砌,部分损毁严重渡槽拆除重建,新建输水管道全线浅埋地面以下 0.8 m。输水渠道没有专项设施复建事宜。

上述专业项目复建投资已列入水库水源生态保护投资中。

8.4 建设征地补偿投资

所略水库枢纽建设过程中,已按 20 年一遇洪水标准对淹没房屋,5 年一遇洪水标准对淹没的田地、山林进行了计算补偿。本次扩容不涉及移民、耕地征用等。建设征地补偿主要是对工程永久占地和临时占地的补偿。

工程占地包括永久占地和临时占地。根据工程设计,永久占地包括水库、上坝进厂公路、供水管线及管理用地等。根据工程施工规划,临时占地包括枢纽施工区、供水管线施工区、弃渣场、料场用地、其他临时设施用地等。

所略水库水源工程永久性占地 40.92 hm²,临时占地总面积 18.9 hm²,具体如表 8-2 所示。

表 8-2　所略水库水源工程占地面积　　　　（单位:hm²）

项目	耕地	林地	荒地	水道	合计
一、水库部分					
施工场地		0.16	0.03		0.19
便民公路		2.10			2.10
进库公路		1.43	3.33		4.76
库内拦渣墙		0.32		0.08	0.40
拦渣墙施工道路		3.00	3.00		6.00
坝端山体加固		0.38			0.38
淹没		24.70		13.6	38.3
管理用房			0.13		0.13
二、输水工程部分					
新建管道	1.00	3.37	1.50		5.87
渡槽施工	0.50		0.40	0.01	1.64
渠道施工		1.11	0.70		1.81
施工道路			2.00		2
取料场			0.16		0.16
弃渣场			0.93	0.93	0.93
合计	1.50	36.57	12.18	13.69	63.94

根据《广西壮族自治区实施〈中华人民共和国土地管理法〉办法》第四十八条规定,工程施工临时占地补偿单价为:使用有收益土地按该土地临时使用前三年平均年产值与临时使用年限的乘积数计算;使用没有收益土地按该土地临时使用前三年平均年产值与临时使用年限的乘积数的60%计算,本工程临时占地年限均按2年计。

按有关规定计算工程占地补偿总投资为 1 240.48 万元,详见表 8-3。

表 8-3　工程占地补偿投资估算

序号	项目名称	单位	数量	单价(元)	合计(万元)
1	农村移民安置补偿费				456.08
1.1	土地补偿费及安置补助费				394.81
	旱地	亩	15.00	25 542.00	38.31
	灌木林地	亩	484.50	6 966.00	337.50
	荒地	亩	74.40	2 554.20	19.00
1.2	临时占地				25.75

序号	项 目 名 称	单位	数量	单价(元)	合计(万元)
	旱地	亩	7.50	2 322.00	1.74
	灌木林地	亩	64.05	1 393.20	8.92
	荒地	亩	108.30	1 393.20	15.09
1.3	青苗补偿费				35.52
	旱地	亩	22.50	1 161.00	2.61
	灌木林地	亩	548.55	600.00	32.91
2	其他费用				48.79
	前期工作费(1)×2.5%				11.40
	勘测设计科研费(1)×3%				13.68
	实施管理费 (1)×3%				13.68
	技术培训费 1×0.5%				2.28
	监督评估费(1)×1.5%				6.84
	咨询服务费(1)×0.2%				0.91
3	预备费				75.73
	基本预备费(1+2)×15%				75.73
4	有关税费				659.86
4.1	耕地占用税				457.11
	灌木林地	亩	548.55	8 333.00	457.11
4.2	耕地复垦费				30.02
	旱地	亩	22.50	13 340.00	30.02
4.3	森林植被恢复费	亩			109.71
	灌木林地	亩	548.55	2 000.00	109.71
4.4	征地劳务费	亩	753.75	666.67	50.25
4.5	土地管理费(1×2.8%)				12.77
5	补偿总投资				1 240.46

关于所略水电站库区淹没搬迁安置规划的意见

所略水电站建成后,其库区将淹没那社乡的那勤村及所略乡的六能村的部分房屋、田地和山林等。淹没房屋的标准按 20 年一遇的设计洪水位计算;淹没田地、山林等的标准按 5 年一遇的设计洪水位计算。共淹没住房 520 间 15 808 m²,什房 5 530 m²,水田 984 亩,地 140 亩,油茶林 186 亩。淹没房屋涉及 10 个村民小组 131 户。淹没田地、山林涉及 250 户 1 242 人。

经研究,搬迁安置采取就地安置,从低处往高处搬的原则。生产生活出路除可造回一部分田地外,其余则宜林则林,宜果则果,宜牧则牧,宜农则农。

为使淹没区的群众能尽快恢复生产,发展生产,生活水平不低于淹没搬迁前的水平。经研究,按国家有关规定从工程费用内予以补偿及补助,为方便今后搬迁安置工作的顺利进行和照顾群众的思想情绪,其补偿及补助标准完全按照岩滩电站的标准。(附后)其补偿补助费用共计约 200 万元。

补偿补助预算如下:水田按亩产 900 斤,旱地按亩产 600 斤,油茶籽按亩产 200 斤计算。

名称	单位	数量	单价(元)	合计(元)
水田	亩	984	864	850 176
旱地	亩	140	576	80 640
油茶	亩	186	325.60	60 561.60
住房	m²	15 808	50	790 400
什房	m²	5 530	30	165 900
其他				50 000
合计				1 997 677.60

巴马瑶族自治县人民政府(章)

1985 年 7 月 29 日

第9章 环境影响评价

9.1 建设项目基本情况

9.1.1 立项依据

所略水库扩容,是《西南五省重点水源工程建设规划》中的项目之一,是巴马县计划近期开发的唯一骨干水源工程,主要任务是为巴马县城及所略乡等城镇和农村供水。

9.1.2 建设意义

随着西部地区大开发的进程,巴马县的社会经济也得到快速发展。城市缺水问题日益突出,水资源紧缺问题已经成为该区域经济和社会发展的主要瓶颈。2009 年的大旱,使工程性缺水问题更加急促地暴露出来。寻求骨干水源工程,是解决该县民众生计、平衡协调发展的基础建设之一,更是落实党中央、国务院对西南少数民族地区人民关怀的重大举措。

已建的所略水库是一座以发电为主,兼顾防洪的中型水库,水库承雨面积 110.7 km²,现有效库容为 2 427 万 m³,距离县城 33 km。根据分析计算,库区水量充沛,自然环境生态,水质符合饮用水水源的要求。因此,对所略水库进行扩容,增加地表水资源的利用,是解决巴马地区缺水瓶颈、破解水难题的骨干工程。

9.1.3 建设项目名称及建设单位

(1)项目名称:广西巴马县所略水库水源工程。

(2)建设地点:坝址位于广西壮族自治区巴马县所略乡六能村,距县城区 33 km,所在流域位置为红水河一级支流灵奇河源头坤屯河上游。

(3)建设性质:扩容工程。

(4)工程总投资:17 206.42 万元。

9.1.4 工程任务及规模

9.1.4.1 工程任务

所略水库扩容工程,为新增供水 5.12 万 m³/d,以满足巴马城区、周边和沿途乡村供水。

9.1.4.2 工程建设内容

所略水库水源工程建设内容主要包括水库扩容和输水工程两部分组成。

水库扩容部分包括:

(1)溢洪道增设闸门,抬高水库正常蓄水位 3 m。

(2)大坝除险加固与完善配套。

(3)大坝两端山体整治与加固。

(4)进库公路、库区公路建设。

(5)库区治理建设。

(6)管理观测设施建设。

输水工程建设部分包括:

(1)所略水库至二级水电站前池之间的输水渠道除险加固。

(2)二级电站至巴定水库间新建输水管道工程建设。

(3)巴定水库至县水厂输水渠道工程除险加固。

(4)巴定水库进库公路建设。

9.1.4.3 工程规模

所略水库现有最大库容 3 685 万 m^3,最大坝高 65.50 m。水库扩容后,最大坝高不变,只是对正常蓄水位抬高,扩容后的水库校核洪水位 585.96 m,设计洪水位为 584.33 m,正常蓄水位为 583.0 m,总库容 3 747.26 万 m^3,正常库容为 3 167.3 万 m^3,兴利库容为 2 967.3 万 m^3,年供水量为 1 868.8 万 m^3。该工程等别为Ⅲ等,工程规模为中型水库,主要建筑物为 3 级,次要建筑物为 4 级。水源工程枢纽永久性建筑物大坝、溢洪道、底孔等建筑物级别为 3 级,次要建筑物为 4 级,临时性建筑物为 5 级。

所略水库扩容后,增加有效库容 540.3 万 m^3,正常蓄水位抬高 3 m,正常蓄水位水面面积增加 27.1 万 m^2。

9.2 编制依据及工作程序

9.2.1 国内的环保法律、法规、部门规章及规范性文件

9.2.1.1 国家地方法律法规

(1)《中华人民共和国环境保护法》,1989 年 12 月 26 日。

(2)《中华人民共和国环境影响评价法》,2003 年 9 月 1 日。

(3)《中华人民共和国大气污染防治法》,2000 年 9 月 1 日。

(4)《中华人民共和国噪声污染防治法》,1997 年 3 月 1 日。

(5)《中华人民共和国水污染防治法》,1996 年 5 月;《中华人民共和国水污染防治法实施细则》,2000 年 3 月。

(6)《中华人民共和国固体废物污染环境防治法》,2005 年 4 月 1 日。

(7)《中华人民共和国水法》,2002 年 10 月 1 日。

(8)《中华人民共和国水土保持法》,1991 年 6 月 29 日。

(9)《中华人民共和国文物保护法》,2002 年 10 月 28 日。

(10)《中华人民共和国城市规划法》,1990 年 4 月 1 日。

(11)《中华人民共和国土地管理法》,2004 年 8 月 28 日施行。

（12）《中华人民共和国清洁生产促进法》,2003 年 1 月 1 日。

（13）国务院第 253 号令《建设项目环境保护管理条例》,1998 年 11 月 29 日。

（14）国家环境保护部第 2 号令《建设项目环境影响评价分类管理名录》,2008 年 10 月 1 日。

（15）国家环境保护部第 5 号令《建设项目环境影响评价文件分级审批规定》,2009 年 3 月 1 日。

（16）国家环境保护部 2009 第 7 号公告《关于发布〈环境保护部直接审批环境影响评价文件的建设项目目录〉及〈环境保护部委托省级环境保护部门审批环境影响评价文件的建设项目目录〉》。

（17）广西壮族自治区环境保护条例（2005 年修正本）。

9.2.1.2 规划文件

（1）桂政办发〔2008〕8 号《广西壮族自治区生态功能区划》。

（2）《关于印发河池市城区集中式饮用水源保护区划定工作方案的通知》,2006 年 10 月。

（3）《巴马瑶族自治县县城总体规划（2009~2030）》。

（4）《河池市城市饮用水水源地安全保障规划》。

（5）《河池市"十二五"规划》。

9.2.1.3 技术规范

（1）中华人民共和国环境保护行业标准《环境影响评价技术导则 总大气环境·地面水环境》（HJ/T 2.1~2.3—93）。

（2）中华人民共和国环境保护行业标准《环境影响评价技术导则 大气环境》（HJ 2.2—2018）。

（3）中华人民共和国环境保护行业标准《环境影响评价技术导则 声环境》（HJ/T 2.4—2009）。

（4）中华人民共和国行业标准《公路建设项目环境影响评价规范（附条文说明）》（JTG B03—2006）。

（5）中华人民共和国环境保护行业标准《环境空气质量功能区划分原则与技术方法》（HJ 14—1996）。

（6）《城市机动车排放空气污染测算方法》（HJ/T 180—2005）,国家环境保护总局。

（7）中华人民共和国国家标准《地表水环境质量标准》（GB 3838—2002）。

（8）《环境监测技术规范》,国家环境保护总局。

9.2.2 工作思路

根据项目位置、性质,本次环境影响评价工作按照《中华人民共和国环境影响评价法》《建设项目环境保护管理条例》和《环境影响评价技术导则》（HJ 19—2011）的要求完成,按照已批准的国家、省、市的有关环境规划,城市总体规划的要求编制;并在环境影响评价的基础上,提出本建设项目污染防治和环境保护措施,从而为项目建设和管理提供科学依据。

（1）本项目属水源工程建设项目。项目由水库扩容、输水建筑物的建设与改造组成。

涉及范围有库区、水库枢纽（所略水库扩容建设）、水库下游河道、输水渠道工程及中间调节水库——巴定水库。

考虑到中间调节水库（巴定水库）是早年建设的水库，各项生态恢复已经基本完成，本次不再对巴定水库进行环境评价，仅仅对涉及范围内的库区、水库枢纽（所略水库扩容建设）、水库下游河道、输水渠道工程进行评价。

（2）项目位置属于山区和丘陵区，建设项目沿线分布没有企事业单位、文教住宅区、文物保护单位和生态保护区，对环境质量的要求相对不高。因而，环境评价中主要注意项目实施时污染源的增减对区域环境的影响，以及所略水库增加蓄水对周边自然生态环境的影响。

（3）由于所略水库在建设时，水库已经按最高洪水位进行了移民和土地安置，本次扩容，只是增加正常蓄水水位，不增加最高洪水位，因此本次环境评价中，不考虑移民安置和土地占补平衡的环境影响分析。

（4）为使项目更好地发挥效益，从环保角度提出切合实际的环境控制措施和管理机构建设要求，使基础建设日臻完善，区域环境向良好的方向发展。

（5）评价中重视项目施工建设期和运营期的环境影响和减缓对策措施及环境管理要求，尽可能降低对人群健康和自然生态环境的不良扰动。

（6）结合公众参与，弥补环境影响评价可能出现的疏忽和遗漏，进而使拟建项目的规划、设计和环境管理更趋完善与合理，力求项目的建设及运营在环境效益、社会效益和经济效益方面取得最优化的统一，为项目的运营管理和环境管理提供科学依据，为项目所在地区的经济发展规划、环保规划提供依据，并给决策者提供协调环境与发展关系的科学依据。

9.3　环境质量现状

本工程区域由水库区域和输水工程区域两大部分组成。

按行政区域划分：

工程涉及巴马县的所略、那社、燕洞、巴马镇四个乡（镇）。所略水库库区主要涉及那社、所略两个乡（镇），输水工程涉及所略、燕洞、巴马三个乡（镇）。

按照地势划分：

所略水库库区、所略水库至巴定水库间的输水渠道，主要为山区。海拔（黄海）在400~1 020 m。巴定水库至水厂为丘陵地区，海拔在300~400 m。区内为河谷侵蚀地貌。

按照地质构造划分：

所略水库枢纽、库区，主要为砂岩和泥岩构成。

巴定水库、巴定水库至水厂的输水工程区域为砂页岩构成。主要土种有砂页岩红壤土、砂泥土等。

所略水库至巴定水库间的输水渠道断面，有部分属于碳酸盐岩溶地貌，其土层主要为碳酸盐岩渍性水稻土，土层较薄，主要挂留在岩缝坑凹，峰丛洼地。当地称为石山地区。

9.3.1 生态环境

9.3.1.1 区域植被概况

工程区域内,森林原生植被有常绿、针叶阔叶混交林,据1990年巴马林业部门调查资料记载,天然植被有壳斗科、山茶科、金楼梅科、桦木科、桑科、豆科、山竹子科、悬参科、紫薇科、安息香科、杨梅科、橄榄科、樟科、龙脑香科、椴树科、松科、铁青树科、七叶树科、夹竹桃科等54个科420个树种。

人工植被树种主要为松木、杉木、柏木、桉类、香椿、油茶、油桐、八角、板栗、果木、狗骨木、喜树、核桃、银华、火力楠、灰木莲等树种。

所略水库库区的森林覆盖率为62.5%。输水工程沿线区域森林覆盖率也均在60%左右。

由于该区域属于山区,未解决土地紧张局面,时有村民在坡度大于25°的山坡上毁林种植现象,近年来,毁林开荒现象虽有遏制,但尚未彻底控制。

9.3.1.2 区域野生动物概况

区域内野生动物主要有蟒蛇类、龟甲类、娃类、鸟类、猴类、野猪、鼠类、猫科、淡水鱼类等。评价区的水生生物的种类和数量较少,陆生生物的种类和数量比较丰富。

评价区域内无名胜古迹、原始森林、地质公园、重要湿地、珍稀濒危野生动植物分布区等。根据中华人民共和国国家环境保护标准《环境影响评价技术导则》(HJ 19—2011),该评价区域为一般区域。

9.3.2 地表水

根据环境现状监测报告,在所略水库库区取样分析,水质指标均达到《地表水环境质量标准》(GB 3838—2002)Ⅰ类。

9.3.3 环境空气

根据巴马瑶族自治县2007年环境质量公报,巴马瑶族自治县城区空气质量检测情况为:

(1)二氧化硫:测点日平均值0.002 5 mg/m³,三日平均为0.021 mg/m³,符合二级标准。

(2)二氧化氮:测点日平均值0.012 mg/m³,三日平均为0.000 9 mg/m³,符合二级标准。

(3)总悬浮颗粒物:日平均值0.198 mg/m³,三日平均值为0.199 mg/m³,符合二级标准。

该县是国际自然医学会授予的"世界长寿之乡",除山水林等因素外,其空气质量也是重要因素。因此,综合评价,区域内的大气环境达到《环境空气质量标准》(GB 3095—2012)及修改单的二级标准。

9.3.4 声环境

根据环境现状调查,在该工程区域内,环境噪声声源构成以交通噪声为主,还有机械加工、机械生产等生产噪声、施工噪声。

9.4 环境影响预测及评价

9.4.1 环境影响评价级别

该水库扩容工程,水库正常蓄水面积 1.848 km²,水面长度 10 km。根据中华人民共和国国家环境保护标准《环境影响评价技术导则》(HJ 19—2011)表一确定,该工程环境影响评价工作等级为三级。

9.4.2 生态环境影响预测与评价

9.4.2.1 水库运行期生态环境影响预测和分析

1.对陆生植物的影响

1)水库淹没对陆生植物的影响

水库建成后,水库蓄水造成淹没。对物种而言,分布于淹没线高程以下的植物个体将消失,这些影响均为不可逆的影响。

根据工程建设情况,该水库工程是在已有的水利水电工程(所略水库)的基础上扩容。在本次扩容中,根据工程布置,仅仅只是在现有的溢洪道上部增设闸门,提高正常蓄水位。根据水文分析计算得知,该工程扩容前后的基本参数见表9-1。

表9-1 工程扩容前后的基本参数

项目		单位	现状	扩容后
死水位	水位	m	546	546
	水面面积	km²	0.215	0.215
	库容	万 m³	200	200
正常蓄水	水位	m	580	583
	水面面积	km²	1.577	1.848
	库容	万 m³	2 627	3 167.3
设计洪水	水位	m	584.27	584.33
	水面面积	km²	1.962	1.968
	库容	万 m³	3 396	3 405.98
校核洪水	水位	m	585.71	585.96
	水面面积	km²	2.106	2.133
	库容	万 m³	3 685	3 747.26

从表9-1数据可知,所略水库扩容以后,校核洪水位比原设计洪水位减少 0.06 m,正常蓄水水位增高 3 m,常年淹没面积增加 0.271 km²。据现场调查,水库库区新增淹没线之下没有珍稀濒危野生保护植物,也没有特有的植被类型。部分植物的资源量,特别是沿河谷地带生长的一些植物资源量将有 0.271 km² 受到损失,因此工程淹没将降低自然植被第一净生产力。

但当水库蓄水位抬高后,加之受水库水位调度调节的影响,在库尾和消落带会形成有利于湿生植被发育的环境,湿生植物如沼泽植物群落,将会得到发展,由于这些植被具有较强的净化水体和控制污泥进入水库的功能,因此对维护水库的水质会起到非常好的作用。不过,这种趋势十分有限,因为水库库容不大,且河道型水库受人为控制影响大,不能自由泛滥,消落圈非常有限。

2)气候改变对植被影响

水库扩容后,水域面积将略有增加,年蒸发量将达到66.53万m^3,热容量也将随之增大,年温差有所减少,无霜期也会有一定的延长。水、热量的增加,有利于库区周围一定范围内植被的生长,植被群落中喜湿的群落将增多。另外,库区小气候的改变对发展经济林会起到非常好的促进作用。库区冬季平均气温增加,夏季平均气温降低,湿度增大,这种局地气候的改善有利于植物和经济林的生长。

2. 对陆生脊椎动物的影响

建库后,对陆生脊椎动物的影响表现在正、负两个方面。

1)负面(不利)影响

(1)现有的生境将被淹没,将使得当地野生动物的栖息地缩小;但水库属于峡谷型,若以水库分水岭为界,在水库正常蓄水情况下,野生动物栖息地缩小比例为1.8%左右。

(2)扩容后,两侧动物的交流通道有所延长,不利于动物之间的基因交流。

(3)下泄水流的时空分布发生改变,且总量减少,清水下泄,一是使下游减水段源自上游的营养物质减少,进而影响河流生产力,从而对湿地动物造成不利的间接影响;二是平时下泄流量减少,削弱了下游减水河段的纳污能力。

2)正面(有利)影响

(1)水面栖息地范围扩大,有利于提高水禽及水獭等野生动物的环境容量,可能增加种类和种群数量。

(2)水库水面的增加有利于野生脊椎动物的饮水。

3. 对水生生物的影响

水库扩容后,水库蓄水深度58 m,水库水温将沿水深的变化梯度发生改变,根据相关研究,若水库最大坝高大于50 m,发生水温分层现象的概率可以达到50%以上。水温分层现象多发生在夏季、冬季,而春、秋两季则不明显,夏季水体水温随水深增加而逐渐降低,而冬季则正好相反。

根据调查,工程所涉及水域中的水生生物,没有发现从红水河乃至灵奇赖满段下游上溯洄游的鱼种,因为赖满至所圩之间是地下河(河道长12.4 km,总落差116 m)。因此,该河段水生生物不是非常丰富,都是附近其他相似环境中分布比较普遍的种类。

工程建成后,正常蓄水位较建库前改变的长度在1~14 km,水深的改变,肯定会造成局部水域某些水生生物种群的迁移或更替,但物种资源不会遭到严重破坏,也不会影响到物种的保存。

9.4.2.2 输水工程造对环境影响分析

本工程的输水工程绝大部分是利用早年已经建成的渠道、隧道、渡槽等工程,本次建设仅仅只是在现有的基础上进行改造加固、节水防渗、防止污染处理,故认为不会造成新的生态环境影响。

对于新建的输水工程主要是所略二级电站到巴定水库之间的输水管道工程,直径在0.6 m左右。根据设计,该工程绝大部分埋藏在耕作层以下,少量跨越河流、山脉之间再用架空形式。经过分析认为,管道工程不会对陆生植物或野生动物造成不可逆转的影响。

对生态有利影响:由于渠道渗漏,抬高了地下水位,有利于渠道下游的植被的发育,有利于生态和水土保持。

9.4.2.3 交通工程对生态环境影响分析

本工程中的交通工程主要由两部分组成:库区道路工程和施工临时道路。

1. 库区道路工程

根据工程布置,水库经洞口村需建设一条通往库区的交通道路,公路全长约6.5 km(其中,洞口村至大坝左肩约3.0 km),路面宽7 m,路基、排水沟等设施建设,涉及地面水平投影约为9 m。

1)道路建设的不利影响分析

(1)道路建设现有的森林植被被占用,且不可修复,对森林植被的涵养水分,氮氧交换有一定影响。

(2)道路建设改变了山体自然汇流形式,对水土保持有一定影响。

(3)道路建设改变了山体现有自然坡面和岩体结构,对山体稳定有一定影响。

(4)道路建设可能改变动物的自然交流线路,对野生动物的交流有一定影响。

2)道路建设的有利影响分析

道路没有自然植被,对森林防火有正面隔断效应。

但道路是带状结构,且宽度与整个自然区域比例很小,上述的几项不利影响程度是非常有限的。通过适当的补救措施,是可以把不利影响减少到忽略不计的范围内的。

2. 施工临时道路

施工临时道路主要发生在管道安装、建筑物除险加固等工程施工中,临时道路施工完毕后,根据水土保持方案要求,临时道路"原林还林,原草换草、原耕还耕",而且该工程的施工期较短,一项施工临时道路从占用到恢复,时间最长为1年。因此,分析认为临时道路不会对环境造成断链和不可逆转的影响。

9.4.2.4 施工期生态环境影响分析

1. 施工期对陆生植物影响分析

1)交通施工对陆生植物的影响

施工道路建设在一定程度上将导致施工迹地表面裸露,降低工程区域的植被覆盖率,使进场道路沿线植被类型的结构和分布将发生变化。由于植被的破坏,区域环境的稳定性下降,会增加水土流失。

2)料场、弃渣场对陆生植物的影响

所略水库枢纽工程砂石料总用量24 774 m^3,砂石料场总面积约12 500 m^2,总弃渣量18 545 m^3,弃渣8处,弃渣场面积约9 000 m^2,弃渣场占用的大都是灌木林、裸岩、荒坡,避开了对林地的占用,减少了对地表植被的破坏。料场、弃渣场占用的只是部分低矮灌丛和部分人工林。因此,料场和弃渣场的征用对物种无明显影响。

3）枢纽施工布置对陆生植物的影响

水库枢纽除险加固工程主要工程项目包括：

（1）混凝土大坝坝体除险加固，完善配套。

（2）拱坝坝肩加固。

（3）左岸山体稳定加固。

（4）溢洪道闸门建设。

（5）管理用房建设等。

根据施工组织设计部分，在枢纽除险加固工程施工中，施工场地共占用土地 1 900 m²。

施工中，将对植被产生一定的影响，在一定程度上将导致施工迹地表面裸露，降低工程区域的植被覆盖率，使植被的组成、结构和分布格局有所改变，导致评价区生物量和平均净第一生产力有所下降，对评价区生态环境质量产生一定的不利影响。

根据水土保持方案要求，枢纽工程施工场地"原林还林，原草换草"。而且该工程的施工期较短，枢纽除险加固总工期为 2 年。

同时施工场地范围小，绿地调控环境质量的能力不会有太大的改变。

4）对珍稀濒危保护、特有植物和古树名木的影响

通过现场实地调查和查询有关资料，评价区没有发现国家和省重点保护野生植物分布，工程建设对其没有影响。

5）移民安置对陆生植物的影响

所略水库在建设时，水库已经按最高洪水位进行了移民和土地安置，因此本次扩容环境评价不考虑此方面的环境影响。对于新增常年淹没范围内，淹房不淹地或少淹地的移民，采取一次性补偿的办法就地后靠安置；受土地淹没影响较大的移民，采取村组内调剂耕地后靠安置或外迁安置，移民新建房屋将会占用部分土地，对生态环境以及陆生植物产生一定的影响，但搬迁时采取合理的搬迁方式可将影响降低到最小。

2．施工期对陆生脊椎动物影响分析

1）道路施工对陆生脊椎动物的影响

道路施工将对陆生野生动物产生一定的不利影响，使生物个体、种群、群落或生态系统间的联系被人为阻隔减弱。但本工程中的简易公路长度和宽度都不大，切割效应不强，对野生动物的阻隔影响非常有限，不会对野生动物的生存造成大的影响。

2）主体工程施工对陆生脊椎动物的影响

随着工程的施工，施工机械、施工人员的进场，石料场、土料场开采和其他施工场地的布置均破坏了野生动物的生存环境，对该区域的野生动物将产生不利影响；施工期间，受到施工噪声的惊吓、灰尘的影响，陆生野生动物将远离原来的栖息地，迁移到适宜的环境中去栖息和繁衍。施工期该区域的陆生脊椎野生动物的种类、数量和分布等将出现暂时的波动。施工期结束后，随各种恢复和保护措施的落实，野生动物的活动范围可得到一定的改善，它们仍可以回到原来的领域。因此，影响只是暂时的，施工结束后，影响将逐渐消失，陆生脊椎野生动物的种类、数量和分布，也将逐渐恢复先前的平衡。

3. 施工期对水生生物影响分析

1) 对浮游生物的影响

工程施工期间,若污废水的排放失控,必然会增加水体的营养负荷,对水质产生一定程度的污染,将使这一河段的浮游藻类和浮游动物的种类组成和优势种的数量在一段时间内受到影响。但由于浮游生物的普生性及种类的相似性特点以及施工期较短,因此施工期对浮游生物的不利影响是暂时的,影响不是很大,不会导致浮游生物种的灭绝。

2) 对底栖无脊椎动物的影响

施工期间各种原因造成了对河流的水质的影响,因此适于较清洁水体的水生昆虫(如蜉蝣目)的幼虫种类和生物量会减少,而较耐污染的类群(如摇蚊等)的幼虫种类和生物量会增加,但减少的水生底栖无脊椎动物在附近其他地区相似的环境中亦有分布,并非本地区的特有种,因此从物种保护的角度看,该工程建设不会导致这些物种的消亡。

3) 对鱼类的影响

评价区的鱼类基本上都是喜欢洁净溪流生活的鱼类,施工区水质的变化,浮游生物、底栖动物等饵料生物量的减少,以及下游水量的减少等将改变这些鱼类的生存、生长和繁衍条件,鱼类将择水而迁移到其他地方,施工区域鱼类密度将有所降低。但是施工期完毕以后,水质将逐渐恢复,因此施工期间对鱼类的影响是短暂的。

前已论述,评价区鱼类种类少、生物量较低,根据现场调查该河流没有地区特有种类及产卵场等,因此可以认为,若能维持流域内鱼类生存的基本水量,水质清洁,并结合采取鱼类保护措施,鱼类栖息环境容量能满足原有鱼类的生存,该流域鱼类种类、数量的影响不大。

9.4.2.5 对区域景观生态完整性影响预测与评价

1. 对土地资源的影响

水库淹没和工程永久占地及临时占地对土地资源及农业生产产生一定的影响。该工程扩容后,根据调洪演算,除正常蓄水位抬高 3 m 外,设计洪水位、校核洪水位均不超过原设计值。

根据该水库的建设,当年已经对 30 年一遇的洪水位以下进行了移民搬迁与补偿。故本次扩容,不存在新的移民搬迁安置问题,不存在土地资源的占补平衡问题,因此本次建设对移民的土地资源造成的影响较小,对林地资源的破坏影响也较小。

2. 对自然生态系统生产力的影响

水库建设对景观生态完整性存在一定程度的影响,具体体现在评价区域内的生产力和稳定性发生变化。

景观生态体系生产力受水库淹没和工程占地的影响,使原来生产力水平较高的耕地受淹没和工程占地影响面积将减少;原来河流滩地生产力水平较低,受工程影响水库面积将增大,短期内区域总生产力水平呈下降趋势。随着水库蓄水,另一部分原来生产力水平较低的河流、滩地将由不稳定的山溪性河流改变成稳定的水库,水生生态系统的生物量将会明显地由少变多,生产力水平将得到逐步提高。因此,水库建设运行对区域景观体系的影响处于其生态承载力的限值以内,不会使该区域自然体系衰退至低一级别自然体系。

3. 对景观生态稳定性的影响

1）恢复稳定性影响

该区域陆地生态系统在局部受到蓄水淹没影响后，将过渡到水域生态系统，各系统的生产力水平将通过短期的波动达到新的平衡。而且从评价区域内植被的现状来看，高亚稳定性元素所占比例很大，森林覆盖率高，受工程干扰后的生物恢复能力较强。因此，工程建设对自然体系恢复稳定性影响不大，在评价区内自然系统可以承受的范围之内。

2）阻抗稳定性影响

从整个评价区来看，项目主要减少占地类型为耕地，灌丛面积和林地面积以及其他类型的面积减少幅度不大，主要控制性组分变化不大，林地和灌丛在评价区仍占较大优势，说明景观的多样性、异质性变化不大。项目建成后，评价区的生产能力和稳定状况及组分异质化程度仍维持在原有的水平，评价区的自然体系抗干扰能力仍较强，评价区的阻抗稳定性较好。

4. 景观生态质量综合影响

水库扩容后，林地灌丛、耕地、林地拼块的优势度值仍然最高，占绝对优势，分布面积最大。且从土地利用现状图中可以看出，该三种土地类型空间分布的均匀程度和连通程度较好，由此可以判定，工程建成后，林地、耕地以及灌丛仍然是评价区的模地，对生态环境质量有较强的调控能力，该区域生态环境质量良好，具有较强的生产能力和受干扰以后的恢复能力。另外，优势度值有所增加的水体也属环境资源拼块，对生态环境也有较强的调控能力，因此工程建设不会改变区域的模地地位，对评价区域景观体系质量的影响不大。

9.4.3 地表水环境影响预测与评价

9.4.3.1 工程管理人员对水环境影响预测与评价

水库扩容以后，新增管理人员不多，经预测，新增职工生活污水总量为 84 L/d，水库扩容以后，水库下游预留生态流量为 0.45 m³/s，水库下游河道坡降为 0.84%，且多为卵石河床，水体的自洁净能力较强。因此，对水库下游河道水质不会造成降低标准的危害。

9.4.3.2 水库扩容以后对水环境影响预测与评价

蓄水影响分析：该水库主要是为巴马县提供生活水源，在水库未扩容以前，经过检测，水库水质为《地表水环境质量标准》（GB 3838—2002）Ⅰ类标准。水库扩容以后，水库水体增加了 540.3 万 m³，增大了水体的环境容量，在做好水源地保护措施的前提下，根据巴马县的"十二五"规划，库区以生态建设发展为主。因此，预测和类比该地区已建水库的实际运行情况分析，水库扩容以后将更趋向于贫营养水平，总氮浓度可达《地表水环境质量标准》（GB 3838—2002）Ⅱ类标准，总磷浓度达到《地表水环境质量标准》（GB 3838—2002）Ⅰ类标准，发生水体富营养化的可能性很小。

退水影响分析：该供水主要是向巴马县城和沿线乡（镇）、村庄供水，县城用水在正常生产情况下，生产用水退水经县城污水处理厂处理后排放。只有在污水处理厂事故情况下，才会有一定的废水排出，但县城污水处理厂一般设置了事故处理池，将城区产生的废污水引入事故池,待污水处理设施恢复正常后用泵提至污水处理设施进行处理达标后排放。因此,巴马县城退水对附近河流基本无影响。村镇生活用水的污水,主要排放通过农业灌溉和山溪排出。该区域山溪陡峭,水体自洁能力较强,不会对村镇下游河流造成污染。

9.4.3.3 输水工程对水环境影响预测与评价

1. 输水工程渗漏量分析

该输水工程中,认为管道部分不会产生渗漏,渗漏主要发生在已有的输水渠道部分。根据工程设计,本次对渠道主要进行防渗防污染处理。类比同类工程、同类地质和防护措施,该输水工程的渠道下渗量为:

渠道渗透模数 $f = 0.06 \sim 0.16 \ m^3/(m^2 \cdot d)$(按混凝土衬砌选取)。

所略水库至所略二级电站段:

输水线路总长 10.51 km,其中钢管 120 m,明渠 3.31 km,隧洞 7.08 km。

从而计算得出该段渠道渗透量为 $207 \sim 964 \ m^3/(km \cdot d)$。

巴定水库至县水厂段:渠道渗透量为 $168 \sim 448 \ m^3/(km \cdot d)$。

2. 对水文地质环境的影响

渠道渗漏对地下水环境的影响有:

(1)该工程建成以后,现有的输水渠道将常年通水,渠道的渗漏可能改变渠道沿线的地下水情况,可能会对山坡岩体的整体稳定造成影响。

(2)输水渠道的建设,改变了现有山坡的自然汇流,渠道以上部分雨水首先汇聚于渠道,然后通过泄洪闸集中排泄至附近山沟,若渠道泄洪闸布置不当,可能会加大泄洪闸排泄处的现有山沟排泄能力,造成山沟两侧的冲刷。或者碰到超标准暴雨,山洪可能寻求薄弱渠段溃口而泄,造成集中冲刷和水土流失。

但是由于该渠道已经建设了 8~30 年,渠道所造成的山体稳定问题,早年已经基本处理。再说本次工程会进一步更新改造。

因此,综合分析虽有影响,但通过工程措施是很容易解决的。

9.4.4 水文情势环境影响分析

9.4.4.1 径流

建库前坝址处径流的丰枯变化很大。所略水库坝址处的多年平均径流总量为 10 592 万 m^3,多年平均径流量 3.32 m^3/s,丰水季平均流量 6.37 m^3/s,枯水季平均流量 1.18 m^3/s,枯水时期,河道最小流量 0.35 m^3/s(原水库初步设计)。根据水文分析计算,设计洪水($P = 2\%$),大坝处的洪峰流量为 1 120 m^3/s,设计洪水下泄流量为 855 m^3/s。校核洪水($P = 0.2\%$)大坝处的洪峰流量为 1 780 m^3/s,下泄流量为 1 371 m^3/s。非泄洪期间,水库现状运行条件下泄流量为 0。水库本次扩容以后,设计洪水下泄流量为 966 m^3/s,校核洪水下泄流量为 1 510 m^3/s,非泄洪期间,水库下泄生态流量为 0.45 m^3/s。

坝址下游径流与建库前相比变化较大,见表 9-2。

表 9-2 坝址下游径流与建库前比较

项目	单位	建库前	建库后	扩容后
设计洪峰流量	m³/s	1 120	855	966
枯水期最小流量	m³/s	0.35	0	0.45
多年平均径流总量	万 m³	10 592		9 475.6

通过表 9-2 可以看出,水库扩容以后,对于河道的径流有一定影响,水库下游的径流总量减少 1 116.4 万 m³,占建库前的 10.5%,通过水库调蓄,下泄生态流量反而大于建库前的枯水流量。

9.4.4.2 水位

水库建设前,河道水位随降雨径流自然变化,该河段属于山区河段,降雨产生的洪水具有陡涨陡落特性,根据历史洪水调查,在库区下游一次洪水涨落在几米乃至数十米(如 1967 年 8 月,所圩一次洪水河道水位上涨 38.2 m)。

水库扩容后,对水位的影响比较明显。水库建成后,根据调度方案,尽管水库水位消落的最大深度为 37 m(正常蓄水位至死水位),但库区河段多年平均水位变幅不大。同时,由于水库为不完全多年调节型,实际日、旬和月水位变幅比建库前的 38.2 m 要小得多,水位涨落速率比建库前也要小得多。

9.4.4.3 流速

经类比调查,库尾河段的平均流速约为天然状态下的 2/3,坝前河段平均流速约为天然时的 1/10。

9.4.5 大气环境影响分析

由于施工区目前的空气环境质量较好,大气稀释能力和环境容量都比较大。尽管水库蓄水深度达 58 m,但水库属于山区峡谷型,水面最大宽度发生在大坝上游 2 km 处,宽 800 m 左右,正常蓄水位水面面积为 1.848 km²,对当地的空气局部含水量有少许影响,但影响甚微,不会改变大气环境产生明显的影响。

大坝的建成,虽然最大坝高 65.5 m,坝顶弧线长度 245 m,阻碍了山谷气流的运动,但是大坝所阻碍的绝对面积,与当地亚热带季风通道相比,可微乎其微。

施工期的活动属短期行为,随着施工的结束,大量施工人员、生产设施撤离,施工场地将得到恢复、环境空气质量将恢复到原有水平。

综上分析,不管是大坝建成以后,还是在工程的施工期间,都不会对当地或者区域大气环境变化造成明显影响。

9.4.6 噪声环境影响分析

9.4.6.1 噪声评价等级

该工程处于山区农村,目前国家还没有针对这一类地区的噪声控制进行规范,根据《声环境质量标准》(GB 3096—2008),该区域的噪声评价按《声环境质量标准》

（GB 3096—2008）中第 5 条表 1 为 4b 类区域进行分析评价。

等效声级 dB(A)值为:

昼间 70 dB;

夜间 60 dB。

9.4.6.2 枢纽施工噪声

枢纽工程施工主要为大坝加固、金属结构制作安装、管理用房建设、山体滑坡治理等。在施工期间,产生噪声的声源主要为地质钻机、混凝土拌和机、混凝土振捣器、钢筋切割机械、木工加工机械、空气压缩机、柴油发电机等,这些机械中噪声最大的是柴油发电机和木工加工机械(113 dB,机械房内)。

施工期噪声近似按照点声源计算:

$$L_{AP} = L_{p0} - 20\lg(r/r_0)$$

式中:L_{AP} 为声源在预测点(距声源 r 米)处的 A 声级,dB;L_{p0} 为声源在参考点(距声源 r_0 米)处的 A 声级,dB。

根据施工组织设计,经过分析比较,在混凝土施工期间,施工机械组合按柴油发电机 + 空气压缩机 + 木工加工机械 + 混凝土拌和机 + 混凝土振捣器 + 钢筋切割机械组合时产生的噪声为最大。

$$L_{总} = 10\lg \sum_{n=1}^{N} 10^{Li/10}$$

式中:$L_{总}$ 为叠加后的总声级,dB;L_i 为第 i 个声源的声级,dB。

枢纽施工场地工区,距离最近的村庄为六能(坤屯)村 r 为 500 m,区域为植被较好的灌木山地,经过计算,柴油发电机和木工加工机械产生的噪声传播到六能(坤屯)村的噪声值,小于《建筑施工场界环境噪声排放标准》(GB 12523—2013)规定的数值。

因此,认为枢纽工程施工对周围居民不会造成噪声危害。

9.4.6.3 输水工程施工噪声

输水工程施工内容为渠道防渗和防止污染处理、渡槽建设、隧洞加固、管道安装等。

产生噪声的声源主要为土石方工程开挖机械、吊装机械、混凝土浇筑机械,柴油发电机、空压机、电焊机等。且柴油发电机主要用在隧道加固和渡槽施工当中,根据沿线调查,这些建筑物均不在村屯附近。因此,认为输水工程建设的施工噪声对周围住民的影响均在《建筑施工场界环境噪声排放标准》(GB 12523—2013)规定的数值以内。

9.4.6.4 砂石料场施工噪声

根据施工组织设计,该工程的砂石料场,选择在大龙凤村。砂石料场 2 km 范围内有岩桃屯、龙甲屯、拥村屯等屯落。但这些村屯距离砂石料厂的最近距离为 1 km。经预测,砂石料加工系统噪声达到居民点时声音很小,但爆破产生的瞬时声音可能对上述村屯居民产生一定的影响。因此,本环境评价提出禁止夜间施工,以减少砂石料生产制作过程中对上述居民点的影响。

当然爆破可能对当地栖息的野生动物有影响,但施工完毕后,受到影响的野生动物会在 1～2 年内恢复原生态。

9.4.6.5　运输噪声

砂石料场运输至枢纽的线路,主要是巴马至所略的县乡公路和弄怀到坤屯的村村通公路,在砂石料运输期间,运输噪声主要对岩山脚、大龙凤、架采、弄幺、弄怀、坤屯等村屯产生影响。本次施工所用的车辆主要为 15 t 级别以内的车辆,基本无特种车辆,与当地的正常运输车辆基本一样。在施工材料运输期间,主要是加大了现有道路的车辆流通量,根据枢纽工程设计,最大日施工强度在 300 m³ 左右,对车辆的流通密度增加量在 60 车次/日以内。因此,可认为运输噪声对公路沿线的村寨基本无影响。

9.4.6.6　进库公路施工噪声影响

进库公路根据设计主要从水电站到库内那桓等村庄,解决库区人民通行问题,尽管施工中有些噪声,但是施工过程中产生的噪声级别不高且施工点分散,施工沿线居民点较少,进库公路施工噪声对当地声环境影响很小。

综上所述,该工程的枢纽部分、输水线路、交通工程、砂石料场及材料运输过程都在山区人口稀少区域,且山区植被条件较好,有利于噪声的消减。根据分析计算,除砂石料场爆破需要控制在白天进行外,其他施工产生的噪声对附近居民的影响均在《建筑施工场界环境噪声排放标准》(GB 12523—2013)规定的数值以内。但施工人员身处施工前线,施工噪声可能对工作人员的日常生活和身体健康造成一定的影响。

9.4.7　固体废物环境影响分析

工程弃渣对环境的影响主要是造成新的水土流失,弃渣的堆放改变原来的地形地貌,破坏了植被,侵占了耕地资源,而且松散的弃渣成为水土流失的发源地,若不采取措施,都有可能造成水土流失问题,加重区域水土流失程度。因此,必须在施工中及施工后,采取相应水土保持措施,减小弃土弃渣所带来的水土流失问题。

施工期生活垃圾排放总量不大,但对环境的危害不容忽视,若处置不当,易散发恶臭、滋生病原体、引发疾病流行。应对生活垃圾加以集中处理,施工期内禁止乱扔垃圾,避免垃圾场地成为蚊子聚集地,增加传播疾病的概率,垃圾应指定专门地点堆放,定期清运,以避免不必要的损失。

9.4.8　泥沙环境影响分析

9.4.8.1　对水库功能的影响

本水库死水位为 546 m,根据水库泥沙分析计算,坝前设计泥沙淤积高程按 527.27 m 计,低于死水位。由于坝址及上游植被覆盖率逐渐提高,坝址以上流域水土流失量将变小,因此水库实际入库泥沙量不会超出预测值,所略水库按设计方案扩容运行后,近期推移质主要淤积在水库上游河汊和山沟汊处,本次扩容计划通过对汇流较大的河汊建设拦沙截污工程措施,因此分析 50 年内泥沙淤积对水库的使用功能影响不大。

9.4.8.2　对坝下河段冲淤影响

水库工程建成后,每年将拦截大量的泥沙,由于水库没有设置冲沙设施,故库区上游推移质近年内主要淤积在水库上游库汊地带,80% 左右的悬移质呈三角形从水库上游至大坝处递减沉落,20% 悬移质通过泄洪排泄出库。

因此下游河道在水库运行期间,当水库泄洪时,以前的沙洲地段,可能会出现削减趋势。但是由于下游河床均为石质,出库的清水下泄,不会破坏河道的冲淤平衡而造成河道的严重下切。

对于水库下游局部河段,当地群众为了利用河道岸地,而采用的石垒驳岸,这些石垒驳岸的基础都是建筑在石基础之上,故河道局部沙洲的削减,不会危及石垒驳岸的安全。同时由于水库的调节作用,水库的下泄洪水比建库前自然洪水的洪峰流量要小,因此水库的建设对下游河段现有驳岸安全更加有利。

9.4.9 人群健康影响分析

9.4.9.1 对库区四周人群的健康影响

水库扩容以后,虽然可以改变局部小环境,改变空气湿度。但是通过国内大中型已建水库库区的调查,暂时还没有发现由于水库四周空气湿度的增加而影响库区人群健康的案例。其有利影响倒是能够使库区四周人民由以前纯山民生活,部分变成亦山亦水的生活方式,扩展了库区的生存空间和环境。

9.4.9.2 对水库下游人群的健康影响

水库扩容(建设)以后,通过合理的调度(生态流量的输送和灌溉水源的保障)对下游的影响方面,有利大于不利。

(1)减少了下游的洪水威胁。

根据巴马县志和历史洪水调查资料,当库区降水量超过 100 mm/d 时,水库下游的所圩一带,由于受暗河的过流能力影响,即形成洪灾。水库建成以后,可削减洪峰流量,减少下游的洪水灾害。

例如 2001 年最大 24 h 降水量 202.0 mm,所略水库溢洪道下泄流量为 34 m^3/s,所圩一带形成洪灾。而 1967 年最大 24 h 降水量 192.5 mm,所圩形成一个 2 km^2 最大水深 38.2 m 的湖泊,所略公社行政机关、商店、学校等均被淹没,洪水历时 9 d 才退去(1984 年 5 月,所略历史洪水调查)。

(2)有利于所圩、弄怀等区域农业灌溉和人畜饮水。

9.4.9.3 施工过程中对健康的影响

在施工过程中,为减轻废气、粉尘及噪声等对施工人员的健康造成的不良影响,应对施工人员配发必要的劳动保护用品及装备。定时灭蚊、灭蝇、灭鼠,减少传染病的传播途径;加强生活区食堂餐厅的卫生管理。对施工人员进行健康调查和疫情建档。

9.5 环境保护措施与对策

9.5.1 环境保护期望目标

(1)水环境保护目标:施工期水环境影响区域主要是大坝上下游水域,营运期的水环境影响区域包括库区、大坝下游河道水域。

保护目标为:确保评价区域河段水质在运行期控制在《地表水环境质量标准》(GB

3838—2002）Ⅰ类水质标准,保护这些水域的水环境功能不因水库的扩建而改变其使用功能,防止项目施工污染水体,不影响下游群众的生活生产用水。

（2）生态环境保护目标:生态环境不因水库的扩容受到破坏,造成水土流失加剧;河道内各类水生生物的生存环境不受不可逆转的影响;保护评价区内的陆生生物、水生生物以及有重要经济、科学研究价值的生物资源及生态系统完整性和多样性。

（3）大气环境保护目标:扩建工程对大气环境的影响主要在施工期,保护目标是保证大气环境质量达到《环境空气质量标准》（GB 3095—2012）二级标准。

（4）声环境保护目标:扩建工程对声环境的影响主要在施工期,保护目标是施工场界的噪声达到国家标准,周围环境噪声敏感点（农村居民区、水电站生活区）达到《声环境质量标准》（GB 3096—2008）1类标准。对外交通公路交通噪声对周围居民影响减低到最低程度。

（5）人群健康:保护与工程有关的居民、施工人员的健康,达到国家卫生部门对相关疾病（包括传染病、地方病、流行病等）预防控制指标及公众健康指标。

9.5.2 生态环境保护措施

9.5.2.1 施工期对陆生植物影响的保护措施与对策

1. 交通工程施工对陆生植物的保护措施与对策

（1）在道路施工中,加强对非开挖面的植物保护。

（2）开挖前,对公路开挖下口面做好临时挡渣墙,避免开挖的石渣滚落,破坏下坡面的植被、农田。

（3）道路施工基本成型以后,在植树季节立即开展路旁植树种草,种草种类以当地主生树种、草种,禁止种植外来树种、草种。

根据类似工程实践,上述措施可有效地恢复当地陆生植物生态。因此,施工期间陆生植物生态影响是暂时的,随着工程的运行管理,这些影响是会逐渐消失的。

2. 供水管线施工对陆生植物的保护措施与对策

供水管线采取分段施工,开挖前应进行表土清运,堆放在适当的临时堆土场,作为施工结束后的复垦土源。

开挖处水土流失防治措施为:在管道穿越耕地区域,利用弃料修建临时拦渣土埂,防止弃料在堆放期间流失影响周边耕地。建议不在作物生长和收获季节挖掘管道沟,以免影响农业生产,造成粮菜损失。对于管道施工穿越的树木,应将其完好移走,并在施工后全部进行补栽补种。为防止外运弃土产生扬尘,运输过程用苫布临时遮盖。

施工结束,施工迹地（包括管道埋设区、临时堆料区及临时弃土占地区）虽已经过平整,但因施工影响,表层植被已遭到破坏,故沟槽弃土回填后,与沿线临时弃土占地和施工便道占地同时进行土地整治,并根据各占地区立地条件及时恢复植被。破坏耕地区域采取保土耕作措施恢复耕地农田地段,在管道敷设好后填埋时尽量使表土复原,避免生土敷在上面,同时要平整和压实。

3.枢纽施工对陆生植物的影响

根据施工组织设计部分,在枢纽除险加固工程施工中,施工场地共占用土地 1 900 m²。

根据水土保持方案要求,枢纽工程施工场地"原林还林,原草换草",而且该工程的施工期较短,枢纽除险加固总工期为 2 年。

同时施工场地范围小,绿地调控环境质量的能力不会有太大的改变。

4.料场、弃渣场对陆生植物的影响

所略水库枢纽工程石料场、弃渣场占用的大都是灌木林、裸岩、荒坡,避开了对林地的占用,减少了对地表植被的破坏。料场、弃渣场占用的只是部分低矮灌丛和部分人工林。根据水土保持部分,料场和弃渣场的水土保持措施为种植当地树木、灌木和草种。因此,认为在施工完毕后 3~5 年内可恢复当地自然生态。

9.5.2.2 施工期对陆生脊椎动物保护措施

(1)加强对施工人员生态保护意识的宣传教育,严禁施工人员捕杀当地野生动物。

(2)在不影响安全度汛的前提下,尽量不夜间施工,减少对野生动物的干扰。

9.5.2.3 对水生动物的保护措施

(1)为了减少水库下游 4.86 km(至地下河口)减水河段的生态影响,建议在蓄水期,通过合理调度,下放生态用水,保证蓄水期间不断流。

运行期,本评价要求当水库在死水位以上运行时,下放环境水流量为河道多年平均流量的 15%(0.45 m³/s),当水库处于死水位 546 m 时,下放大于平均流量的 1/10,即 0.3 m³/s 流量的生态环境用水,以维系下游河段的水生动物的生态环境。

(2)搞好施工期废水污水处理(具体处理措施见 9.5.3 部分)。

(3)减水对水生生物的不利影响,主要是对湿生植物和鱼类的影响。因此,在施工期间注意保护在该河段内的原有河滩灌丛,同时还应在减水河道两边栽种本地原有的适宜植物,防止水土流失。

9.5.3 水环境保护措施

9.5.3.1 库区水环境保护措施与对策

由于水库主要为巴马县城市供水的水源工程,水库水环境保护的好坏,不仅关系到工程的成败,更重要的是关系到城市饮水安全的大问题,因此对水质要求变得更加严格。

本境环评价建议:

(1)对库区划分为Ⅰ类保护区、Ⅱ类保护区、准保护区,禁止在保护区内新建工厂等其他污染性企业。

(2)对库区大力理推行沼气池建设,减少人畜粪便对水源的污染,见图 9-1。

(3)水库配备清渣船,随时清理库内垃圾。

(4)配合水土保持,在库汉正常蓄水位左右修建拦砂拦渣墙。

(5)在库尾建设生态缓冲带,减轻面源污染对水库水质的污染。

9.5.3.2 施工水环境保护措施

施工布置区主要污染源为生产污水、生活污水、施工机械车辆冲洗污水等。为防止废

图 9-1

水进入河道,在各施工布置区设置连续畅通的排水沟(300 mm × 400 mm),合理组织排水,各种污、废水集中到生产污水处理池,经处理达标后排入河道,避免污染环境。生产污水及生活污水经过专门处理,直至符合有关环保要求。

本环境评价建议如下。

1. 生产废水处理系统

来源:生产废水主要包括施工机械设备(如挖掘机、推土机和运输汽车等)冲洗的含油废水、施工现场混凝土养护冲洗水、开挖土石方排水、拌和楼及辅助工厂生产排水等。

处理目标:含油废水要去除油污,含砂、石废水将固体料全部沉淀。

工艺流程:生产废水处理工艺流程如图9-2所示。

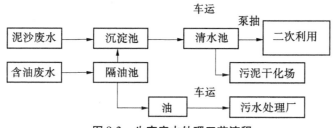

图9-2 生产废水处理工艺流程

2. 生活污水处理系统

污水来源:生活污水主要由食堂的饮食污水、职工洗浴污水组成。

处理工艺:主要采用生物接触氧化工艺处理降解,工艺流程如图9-3所示。

3. 处理系统布置

在生活区厨房、洗浴房后设 300 mm × 400 mm 的污水沟,食堂污水、职工洗浴污水经污水沟汇集后排入处理系统,经过处理的清水排入当地的污水收集系统。生活污水处理系统如图9-4所示。

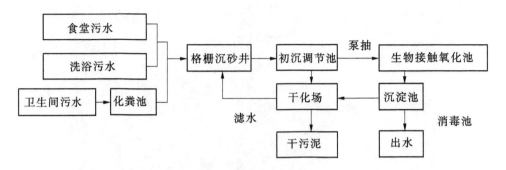

图9-3　生活污水处理工艺流程

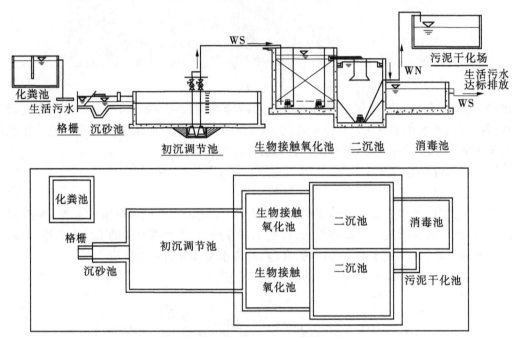

图9-4　生活污水处理系统示意图

9.5.4　环境空气保护措施

施工场地的主要空气污染物为施工中的粉尘和扬尘。施工扬尘主要来自如下几个方面：

（1）道路的基础开挖、山坡治理的坡面整理、管道基坑开挖与回填等，若遇到大风天气，会造成粉尘和扬尘等空气污染。

（2）水泥、砂石料等建筑材料，若运输、装卸等方式不当，可能产生扬尘污染。

（3）车辆运输将产生大量尘土。

防止空气污染的措施如下：

（1）工地施工道路要定期清理打扫，减少道路尘土残留。

（2）采用湿式作业，配备洒水车，及时洒水抑尘。

（3）对施工道路进行必要的硬化,减少扬尘对大气的污染。

（4）对运输车辆采取防撒装备。

（5）运输车辆出场应进行冲洗,以保证车辆轮胎不带泥土上路。

（5）对施工人员采取防护措施,如佩带防尘口罩等。

9.5.5 声环境保护措施

选用新型低噪声设备,注重维修保养避免异态噪声,控制突发性噪声,在各个进场路口设置警示牌,限制车速,禁止鸣笛,对突发性的噪声污染,如爆破等,应尽量避免在人们休息时进行,严禁在夜间进行,施工人员应佩戴防噪声耳塞、耳罩或防噪声的头盔等。

9.5.6 固体废物保护措施

工程弃渣堆放于弃渣场,并且根据弃渣场的现状,修建完善的排水沟、砌筑挡墙等防护设施,避免环境污染和水土流失。施工完毕后要对弃渣场进行迹地恢复,加强植树种草等绿化措施,防止水土流失。

为避免生活垃圾污染环境,施工期在各施工营地设垃圾桶,坝区和输水管线区安排清洁工负责清扫日常垃圾,每日将垃圾集中到垃圾桶内,并经常喷洒灭害灵等药水,以防止苍蝇等害虫的滋生。每周用运渣车清运一次,与当地生活垃圾一同处理。运行期管理人员的生活垃圾可集中袋装后与当地生活垃圾一并处置。

9.5.7 水土保持措施

按所略水库水土保持方案报告书的措施实施。

9.5.8 人群健康保护措施

在施工过程中,为减轻废气、粉尘及噪声等对施工人员的健康造成的不良影响,应对施工人员配发必要的劳动保护用品及装备;定时灭蚊、灭蝇、灭鼠,减少传染病的传播途径;加强生活区食堂餐厅的卫生管理;对施工人员进行健康调查和疫情建档。

9.5.9 安全风险防范措施

（1）严格按照《爆破安全规程》（GB 6722—2014）的有关规定,在爆破前采取安全防范措施,避免爆破时产生的各种效应（如振动、噪声、冲击波、粉尘和飞散物等对周围人群、生物等的危害。

（2）对施工期临时使用炸药库和储油罐等存放易燃易爆、有毒物质的场所,由于存在漏油燃烧、火灾爆炸事故的风险,必须分别设立专库,设置300 m的安全防护距离,由专人保管,并按危险物品管理有关规定执行;采取事故防范措施和制订事故应急预案,包括严禁火源和控制易燃易爆、有毒物质泄漏以及健全监察、检修、警报、保安系统等,配套科学、完善的防火防爆、消防报警、灭火系统和漏油报警装置,并对此系统采用监控管理,以消除漏油、火灾、爆炸事故隐患。此外,施工现场的危险地段和场所必须设置危险标志和安全措施。

9.6 环境保护措施与投资

9.6.1 环境保护的工程措施

根据库区调查和本工程的建筑物布置,建议采取如下工程措施搞好环境建设与保护。

9.6.1.1 大坝左岸山体加固部分

建议在进行锚固加固中,与植被措施相结合,在加固的网格中间进行植草种树,树种、草种采用当地种群,以利于生态。

9.6.1.2 大坝两端生态建设

大坝除险加固以后,对于基础开挖回填以后的迹地,采用台阶型种植绿化,既恢复生态,又防止水土流失。

9.6.1.3 公路两侧

对于开挖边坡,根据不同的地质情况,修筑生态护坡、叠拱、挡土墙等,尽量避免全部硬性护砌,做到结构防护与生态建设协调进行。

9.6.1.4 库尾水生态区建设

水库蓄水以后,为了防止水土流失和腐殖质对水体污染,在水库尾部正常蓄水位以下3~5 m处修建多级透水性拦砂拦渣工程,形成库汊生态湿地。

9.6.2 环境保护投资

环境保护投资包括建设期投资和运行期费用两部分组成。建设期投资主要用于工程建设前期的环境影响评价、施工期水土保持、降噪、防尘、环境监测等,经估算,建设期投资245万元(不包括9.6.1部分中的环境保护工程措施费用和水土保持费用);运行期环保费用主要用于库区水质检测、库岸稳定监测、生态环境建设维护等费用,计34万元/年。

建设期环境保护投资见表9-3,运行期环境保护费用见表9-4。

表9-3　建设期环境保护投资估算　　　　　　　　　　(单位:万元)

序号	项目	内容	金额	环境效益
1	环境影响评价	环境影响报告书的编制、环境影响报告技术评估等	75	了解环境现状,预测工程施工期和运行期对环境的影响,提出环境保护措施
2	施工期环境监测	检测费2×18	36	监测施工期环境状况
3	施工期环境监理	监理费2×14	28	监理环保措施施工
4	降噪措施	高噪声区防震降噪、施工人员生活区隔音围墙、施工影响范围内村民补偿等	12	保护施工人员和施工影响区村民正常生活

序号	项目	内容	金额	环境效益
5	降尘措施	配置洒水车辆和车辆防沙清洗系统	14	减少空气污染
6	生活垃圾及污水处理系统	施工污水处理厂建设,垃圾临时堆放场建设	25	确保生活垃圾、生产垃圾、污水不污染环境
7	废油肥料收集	修建废油废料收集设施	10	避免废油、废料污染水质和土壤
8	宣传培训	施工人员环保业务培训、环保宣传	15	提高施工人员的环保意识、环保业务水平
9	施工卫生防疫	预防流行疾病的发生	10	保护施工人员和施工影响区村民身体健康
10	环境保护验收	工程环境保护措施竣工验收	20	
	合计		245	

表 9-4 运行期环境保护费估算　　　　　　　　（单位:万元）

序号	项目	内容	年运行费
1	水库水质检测	检测水质变化情况	3.5
2	库岸稳定检测	对库岸稳定进行常年监测	2
3	库内水生物培植	鱼类,人放、自然养殖。	2
4	库区湿地维护	库区湿地、拦砂、拦渣设施维护与清理	10
5	输水渠系环保维护	输水渠系环保设施维护	3
6	仪器设备维护	仪器设备的修理保养,试剂购买	5
7	绿化护理	绿化日常养护、施肥除病害等	3.5
8	环保人员工资、培训	提高环保技能	5
	合计		34

9.7 环境风险与防范措施及环境监测

9.7.1 环境风险

根据本工程特点、周围环境及工程与周围环境之间的关系,工程环境风险主要体现在施工期和运行期两个时期。其中,施工期环境风险主要体现在使用大量炸药及油料可能造成爆炸和火灾以及废污水事故排放;运行期环境风险主要体现在大坝溃坝及渣坝溃坝和输水管线水质污染所引起的风险。

9.7.2 防范措施

9.7.2.1 施工期防范措施

(1)建立以水库建设环境保护领导小组为核心的责任制,层层签订责任书,明确各级环保人员应承担的环境风险管理责任。

(2)环境保护领导小组应加强各施工队伍的环境风险意识的宣传教育,并与运输炸药、油料的承包方签订事故责任合同,确保运输风险减免措施得到落实。

(3)对属于业主管理的炸药库、储油库等易发生环境事故的工程设施,应建立岗位责任制,并明确管理者责任。

(4)运输油类、炸药等有毒有害物质,必须事先申请并经公安、环保等有关部门批准、登记并设置防渗、防漏、防溢设施,经有关部门批准后方可按照规定运输。

(5)运输过程中严格遵守《汽车危险货物运输规则》《汽车危险货物运输、装卸作业规程》等危险货物运输的有关规定,炸药与雷管应分开运输,运输油料的车辆必须采用密闭性能优越的储油罐,确保不造成环境危害。

(6)炸药库和油库严格按照安全防护距离要求,并会同地方管理部门进行具体的现场选点,装运和发送必须严格遵照《危险化学品安全管理条例》,严格火源控制,并配备相应的消防器材。

(7)加强炸药库和油库的管理,在油库、炸药库等地张贴"闲人免入"等警示标语,并采取切实有效的防火安全措施,制订应急预案,结合施工区地形条件,使炸药库、油库与停车场、修理车间之间保持一定的安全距离;在靠公路侧修筑防护墙,以减少环境风险及其危害。

9.7.2.2 运行防范措施

(1)建议工程设计人员对大坝的各项观测、监测等设施,按照国家相关规程规范予以完善,并设计库区雨量遥测和水文预报系统,便于水库科学利用水资源和防洪调度,确保水库防洪安全。

(2)建议工程管理单位,完善工程检测检查规章制度,制订切实可行的防洪预案。

(3)建议工程设计中,注重防山洪、防污染工程措施设计,确保输水渠系建筑物、弃渣场安全和水质安全。

9.7.3 环境监测

为了最大可能地降低施工期间的环境不利影响,除在施工期间严格管理、文明施工外,建议项目业主应委托当地环境监测部门。在施工期间进行环境保护宣传、教育和检测。

监测的环境因子主要包括水质、大气、噪声、水土流失、野生动植物等。

9.8　公众参与情况

由于本工程是在已建的工程基础上扩建的,根据本工程的特性,本项目报告编制期间,没有采取发放问卷式的调查,而是采用沿途村庄口头的询问式样调查。公众和团体普遍认为予以支持本项目建设的理由是促进当地经济发展,提供充足的水源,促进当地工农业生产,认为没有制约本工程建设的重大环境因素。

9.9　评价结论与建议

9.9.1　评价结论

综上所述,所略水库水源工程可以充分利用当地水源,符合巴马瑶族自治县经济和社会发展"十二五"规划以及巴马水资源配置方案。工程建成后将为巴马县城供水,保障巴马县社会经济和谐发展。同时,解决输水渠系沿线的所略、巴定等乡村镇的生活用水,并解决坤屯、弄怀等村的灌溉用水,有利于当地农民脱贫致富,增加农民收入,从而可促进农业生产,有利于建设社会主义新农村,具有较好的社会效益。从工程建设的整体和长远效益来看,有利影响时间长、受益区广、累积效应强。

水库扩容是一个蓄水、输水、泄水的过程,工程本身无废水和其他污染物质的排放。水库扩容、输水工程建设基本不影响坤屯河水水质,没有明显富营养化及恶化趋势。通过水库对洪水的拦蓄作用,还可以减少对六能到所略乡的区域洪水威胁。

水库增加蓄水,能够使库区四周人们由以前纯山民生活方式,部分变成亦山亦水的生活方式,扩展了库区的生存空间和环境。对旅游区建设增加水量,增加山水环境景色。

不利影响大多为临时性、可恢复的,通过采取适当环境保护措施能将这些影响消除或降到最低。从环境保护角度分析,本项目的建设是可行的。

9.9.2　建议

(1)为开展该水库环境保护工作,建设单位应从环境保护管理结构、人员、资金和物资等方面,确保环境影响报告书中各项环境保护措施的落实。

(2)相关环境保护、水土保持部门,应重视建设施工期间的环境保护工作,重点落实各环境保护措施、投资的完成情况。

(3)工程设计者,在搞好主题工程设计外,尚应同时搞好水库枢纽、库区、道路、输水管线的生态保护、水土保持设计。

(4)实行环境保护"一票否决"制,应重点落实各项环境保护措施的实施情况,并以投资为手段进行控制,验收通过一项,拨付一项相关款项。

(5)为保护所略水库的水质,建议库区禁止污染性企业进入,旅游、服务性企业必须确保其污水处理达标后排放。

(6)政府应扶持库区沼气池建设、农村厕所建设,减小人畜粪便污染水库水质的可能性。

第 10 章　水土保持

10.1　方案编制总则

10.1.1　编制目的及原则

10.1.1.1　编制目的及意义

水土资源是人类赖以生存的基本条件,人为的开发活动,进一步导致水土流失的加剧,使我国水土流失面积有逐年增大的趋势,对水利基础设施造成破坏,加剧江河湖泊的洪涝灾害,破坏生态环境,制约国民经济的持续发展。

巴马县所略水库扩容工程在建设过程中,将可能改变原有地貌,破坏库区及用地的地表植被,扰动地表,引起水土流失,因此需要采取相应的水土保持措施,以防止工程建设造成的水土流失。

编制《巴马瑶族自治县所略水库扩容工程水土保持方案报告书》,目的就是贯彻《中华人民共和国水土保持法》及"谁开发,谁保持,谁造成水土流失,谁负责治理"的原则,在对工程所在地环境状况进行实地调查,查清工程沿线现有的水土流失状况及水土保持设施的基础上,针对工程的建设特点,确定工程水土流失防治责任范围,对工程设计中水土保持措施效果进行分析和论证,并对工程施工过程中可能产生的水土流失问题进行预测分析,提出切实可行的防治水土流失的措施,并落实水土保持措施所需的资金,以便将工程建设造成的水土流失防治纳入工程建设的总体安排和年度计划,把工程的水土保持与土地资源合理开发利用结合起来,达到防治水土流失、保护生态环境、使环境与经济协调发展的目的。同时,通过《巴马瑶族自治县所略水库扩容工程水土保持方案报告书》的编制,为建设单位、施工单位及水行政主管部门提供水土保持工作的治理、施工及管理依据和建议。

10.1.1.2　指导思想

以《中华人民共和国水土保持法》为指导思想,贯彻"预防为主、全面规划、综合防治、因地制宜、加强管理、注重效益"的水土保持方针,明确本工程建设的水土流失防治责任范围、防治目标、防治措施体系及其实施进度,编制切实可行的水土流失防治方案,防治工程建设新增水土流失,减轻工程区原生水土流失,改善生态环境,为工程建设、生产管理和当地经济、社会、环境可持续协调发展创造良好条件。

10.1.1.3　编制方针

严格执行《中华人民共和国水土保持法》《中华人民共和国水土保持法实施条例》《开发建设项目水土保持方案管理法》、"广西壮族自治区实施《中华人民共和国水土保持法》办法(修正)"等有关法律、法规和"预防为主,全面规划,综合防治,因地制宜,加强管理,注重效益"的水土保持方针。

10.1.1.4 编制原则

（1）防治结合,因害设防的原则。根据各水土流失防治类型区的特点及新增水土流失的方式,确立各类型区的防治重点及措施的配置,坚持防治结合,因害设防的原则。

（2）体现生态学理念,植物措施优先的原则。水土保持是生态修复的主体内容,方案与设计应树立生态学理念,即本着保持水土,改善生态环境,提高植被覆盖率,恢复可持续发展的生态系统的设计理念。设计中充分体现植物优先,植物与工程相结合,强化工程设计与生态景观建设的协调。

（3）维护水土资源及合理利用的理念。本工程位于西南土石山区,基岩出露,土壤资源贫乏。工程建设将不可避免地破坏原地表生产力,且增加了硬化面积,改变了土壤入渗能力和径流状况,降低了雨水资源的利用效率。措施设计中应加强地表土保护设计,合理利用工程区土地资源恢复植被或复垦。

（4）经济、有效、实用的原则。对于重点水土流失区的防护措施应进行多方案比选,确定投入、效果比最佳方案,节省工程投资,保证水保效果,同时具有可操作性。

按分区体系进行分区治理,使重点治理与一般防治相结合,水保工程措施和生物防护措施相结合,以工程措施为先导,发挥工程措施的速效性和保障作用,以植物防护作为水土保持辅助措施,起到长期稳定的水土保持作用,达到基础效益、社会效益、生态效益的统一。

10.1.2 编制依据

（1）《中华人民共和国水法》。

（2）《中华人民共和国水土保持法》。

（3）《中华人民共和国防洪法》。

（4）《中华人民共和国河道管理条例》。

（5）《中华人民共和国水土保持法实施条例》。

（6）《开发建设项目水土保持方案管理办法》。

（7）广西壮族自治区实施《中华人民共和国水土保持法》办法（修正）。

10.1.3 设计采用技术标准

（1）《开发建设项目水土保持方案技术规范》（SL 204—1998）。

（2）《水土保持综合治理规划通则》（GB/T 15772—2008）。

（3）《水土保持综合治理技术规范》（GB/T 16453.1—2008）。

（4）《水土保持综合治理效益计算方法》（GB/T 15774—2008）。

（5）《土壤侵蚀分类分级标准》（SL 190—2007）。

（6）《水利水电工程等级划分及洪水标准》（SL 252—2000）。

（7）《水土保持监测技术规程》（SL 277—2002）。

（8）《水土保持小流域综合治理项目实施方案编写提纲》（试行）（水保生函件〔2010〕22 号）。

10.2 建设项目及项目区概况

10.2.1 建设项目概况

10.2.1.1 项目名称

巴马县所略水库扩容工程。

10.2.1.2 项目建设位置

枢纽工程:坝址位于巴马县所略乡六能村,距县城区 33 km,所在流域位置为红水河一级支流灵奇河源头坤屯河上游。

输水工程:大坝至巴马县自来水厂,输水线路总长 25.742 km。

10.2.1.3 项目建设性质

扩建。

10.2.1.4 工程任务及规模

1.工程任务

所略水库扩容工程,向巴马水厂及工程沿线新增供水 5.12 万 m³/d,以满足巴马县城和沿途乡村需水要求。

2.工程建设内容

所略水库水源工程建设内容主要包括水库扩容和输水工程两部分。

水库扩容部分:

(1)溢洪道增设闸门,抬高水库正常蓄水位 3 m。

(2)大坝除险加固与完善配套。

(3)大坝两端山体整治与加固。

(4)进库公路、库区公路建设。

(5)库区治理建设。

(6)管理观测设施建设。

输水工程建设部分:

(1)所略水库至二级水电站前池之间的输水渠道除险加固。

(2)二级电站至巴定水库间新建输水管道工程建设。

(3)巴定水库至县水厂输水渠道工程除险加固。

(4)巴定水库进库公路建设。

3.工程规模

所略水库大坝是混凝土拱坝,最大坝高 65.50 m,坝轴线弧长 245.05 m。水库扩容后,最大坝高不变,只是对正常蓄水位抬高,扩容后的水库校核洪水位 585.96 m,设计洪水位为 584.33 m,正常蓄水位为 583.0 m,总库容 3 747.26 万 m³,正常库容为 3 167.3 万 m³,兴利库容为 2 967.3 万 m³。该工程等别为Ⅲ等,工程规模为中型水库,主要建筑物为 3 级,次要建筑物为 4 级。水源工程枢纽永久性建筑物大坝、溢洪道、底孔等建筑物级别为 3 级,次要建筑物为 4 级,临时性建筑物为 5 级。

所略水库扩容后,增加有效库容540.3万 m^3,正常蓄水位抬高3.0 m。

所略水库扩容工程主要技术经济指标如表10-1所示。

表10-1　所略水库扩容工程主要技术经济指标

水库工程			输水工程		
序号及工程名称	单位	技术指标	序号及工程名称	单位	技术指标
1.正常水位	m	583	1.线路总长	m	25 742
死水位	m	546	明渠	m	9 033
总库容	万 m^3	3 747.26	渡槽	m/处	1 690/20
正常库容	万 m^3	3 167.3	隧洞	m/处	7 477/4
供水能力	万 t/d	5.12	压力钢管	m/处	7 530/1
2.水库大坝			水厂	个	1
坝顶高程	m	586.5	中间调节水库	座	1
坝轴线长	m	245.05	2.施工		
最大坝高	m	65.5	总工期	月	19
3.施工					
工程总工期	月	12			
主要工程量					
开挖土石方	m^3	159 106	水泥	t	13 328
土石方填筑	m^3	49 540	钢材	t	1 316
混凝土	m^3	26 656	柴油	t	213.9
模板	m^2	133 326	砂	m^3	22 430
钢筋	t	1 290	块石	m^3	2 344

4.涉及水土保持的主要建筑项目概述

1)水库枢纽部分

挡水建筑物:混凝土拱坝,除险加固主要项目为坝体整理、工作栈道修建、坝体防渗处理、坝肩山体加固等。

泄水建筑物:溢洪道增设控制闸门5块、消能二道坝前池护砌整治等。

管理设施建设:管理用房建设975 m^2、观测设施建设、枢纽环境建设等。

交通设施建设:大坝右侧(西部)便民公路建设3.5 km,混凝土路面,路面宽7 m;进库公路建设3.0 km,混凝土路面,路面宽7 m等。

2)库区治理建设

库区局部山体加固建设、库汊拦渣设施建设、库区湿地建设等。

3)输水工程

输水工程采用利用现有渠道、渡槽、隧洞和新建地埋式管道等多种形式相结合的方式,线路总长 25.742 km。

所略水库至二级水电站之间的输水渠道除险加固:

该段线路总长 10.51 km,其中渡槽两座,长 128 m,除险加固;隧洞 3 处,长 7 080 m;明渠 3 182 m。除险加固工程为渠到泄洪闸配套建设、其他渠系建筑物建设等。

二级电站至巴定水库间新建输水管道工程建设:

该段管道总长 7 530 m,绝大部分采用沟埋式,局部跨越峡谷部分采用支撑架空形式。

巴定水库至县水厂输水渠道工程除险加固:

该段输水工程是利用现有的渠道工程进行除险加固,工程形式为明渠、渡槽相结合,线路总长 7.81 km。其中,渡槽 18 座,总长 1 562 m;隧洞 1 处,长 397 m。

巴定水库进库公路建设:

巴定水库是本供水工程的中间调节水库。该水库已完成除险加固工作,本项目中仅对进入水库的进库公路进行改造。改造里程 2.50 km,混凝土路面,路面宽 7 m。

10.2.1.5　工程总投资

工程估算总投资为 17 206.42 万元。其中,工程部分投资 14 502.90 万元,移民与环境部分投资 2 703.52 万元。

10.2.2　建设项目区水土流失现状

10.2.2.1　水土流失现状

所略水库扩容工程位于广西西北部,工区涉及喀斯特地貌石山地区和砂页岩丘陵地区,山顶海拔 350~900 m,相对高度在 300 m 左右,山体坡度在 20°~60°。其土层在喀斯特地貌石山地区主要为碳酸盐岩渍性水稻土,土层较薄,主要挂留在岩缝坑凼,峰丛洼地;工程区为在砂页岩丘陵地区,主要为砂页岩红壤、黄红壤等,土层厚度一般在 30 cm 以上。工程区雨水充沛且较集中,大雨、暴雨较多,冲蚀力强,极易造成水土流失。

由于历史的原因,巴马县时有延续刀耕火种的老办法,毁林开荒,陡坡种粮,致使森林植被和生态环境受到严重破坏,导致蓄水能力下降,从而造成严重的水土流失。至 1985 年年底,全县水土流失面积大约 141.84 万亩,1986 年年以后,开展水土流失防治工作,到 1998 年年底,全县水土流失面积降低至 28.2%。在工程区所在的盘阳河流域中,水土流失面积为 273 km²,其中轻度侵蚀面积 131.16 km²,中度侵蚀面积 87.44 km²,强度侵蚀面积 32.54 km²,剧烈侵蚀面积 21.86 km²。1990 年以后,全县大力开展“植树造林、砌墙保土、退耕还林”等措施,水土流失现象得到有效遏制,水土保持取得良好成效。至 2004 年年底,全县水土流失面积尚有 70 万亩左右。

按照《广西壮族自治区人民政府关于划分水土流失重点防治区的通知》(桂政发〔2000〕40 号)精神,工程区域属于广西水土流失重点治理区,根据《土壤侵蚀分类分级标准》(SL 190—2007),土壤允许流失量为 500 t/(km²·a)。

10.2.2.2　区域水土流失背景模数选取

根据实地调查,工程区及周边地区除局部山体滑坡点外,植被较好,涉及坡耕地面积占总面积的 5% 左右。表层土壤为渍性水稻土、砂页岩红壤、黄红壤等。现状水土流失以水力侵蚀为主,侵蚀形态主要为面蚀和沟蚀。综合上述情况,工程区现状土壤侵蚀模数背景值约为 400 t/(km² · a)。

山体滑坡治理的背景模数选取:由于山体处于滑坡或临界滑坡阶段,其水土土壤侵蚀模数已经远大于稳定区和植被良好的地区,山体已经滑坡的,其侵蚀模数根据巴马林业局观测为 16 500 t/(km² · a),临界滑坡还没有滑坡的接近于巴马县常规的数值。为了便于估算,本次分析取其中间值 10 250 t/(km² · a)。

10.3 水土流失防治责任范围

10.3.1 责任范围划分原则

根据《开发建设项目水土保持方案技术规范》(SL 204—1998)的有关规定,工程建设项目的水土流失防治责任范围包括工程建设区和直接影响区两部分。本方案坚持"谁开发谁保护,谁造成水土流失谁治理"及实事求是的原则,根据公路工程的地理位置、自然环境、施工工艺等条件,结合实地调查,合理界定本项目水土流失防治责任范围。

10.3.2 防治责任范围确定

根据《开发建设项目水土保持方案技术规范》(SL 204—1998)的有关规定,开发建设项目水土流失防治责任范围包括项目建设区和直接影响区两部分。通过对本工程影响地区查勘、调查,结合工程的规模、总体布局,以及对周围环境的影响程度,确定本项目水土流失防治责任范围。

10.3.2.1 项目建设区的防治责任范围分析与确定

(1)水库淹没区。

原则上水库建设工程项目建设区应为水库枢纽挡水建筑物、泄水建筑物等施工范围至设计正常蓄水位加上波浪影响线以下的地面面积。但该工程属于扩容工程,本次项目计算水库增加蓄水水位 3 m 范围内的淹没面积。根据水库水位—面积曲线,查得该水库水位增加 3 m 后,水库面积增加 0.271 km²。同时,根据库区地形图量得新增淹没面积中,有 0.136 km² 属于现有河道面积。

(2)枢纽施工场地、便民公路、进库公路、新建输水管道、临时道路、取料场、弃渣场等配套设施及临时设施等,为设计或实际占用土地范围。

(3)输水渠道除险加固初步按每边 1 m 开挖计算。

(4)弃渣场,在本阶段,按平均铺压 2 m 厚计算占压面积。

10.3.2.2 直接影响区范围确定

直接影响区范围是指在项目建设过程中可能对项目建设区以外造成水土流失危害的地域,主要指在不采取防护措施或管理不善时可能发生的范围和面积。根据对同类工程现场调查以及施工经验,结合本项目主体设计分析,本项目在施工过程中可能对周边区域造成水土流失危害的直接影响区的范围是:

(1)水库枢纽加固:主要是施工场地,其影响范围按建筑边缘以外 2 m。

(2)施工道路、输水建筑物等:其影响范围按上方 1 m,下方 2 m 计算。

（3）取土场为开挖边线以外 2 m。

（4）弃渣场区按占用面积，外增加 2 m 计算。

通过上述综合分析，结合工程量和初步考虑施工方案本项目水土流失防治责任范围为 66.4 hm²。防治分区面积情况详见表 10-2。

表 10-2 防治责任范围面积统计 （单位：hm²）

项目	占地类型					扰动面积	损坏水土保持设施面积	直接影响范围
	耕地	林地	荒地	水道	合计			
一、水库部分								
施工场地		0.16	0.03		0.19	0.19	0.19	0.12
便民公路		2.10			2.10	2.10	2.10	0.90
进库公路		1.43	3.33		4.76	4.75	4.75	1.90
库内拦渣墙		0.32		0.08	0.40	0.32	0.32	0.46
拦渣墙施工道路		3.00	3		6.00	6.00	6.00	4.50
坝端山体加固		0.38			0.38	0.38	0.38	0.08
淹没		24.7		13.6	38.3	24.7	24.7	0
管理用房		0.13			0.13	0.13	0.13	0.02
二、输水工程部分								
新建管道	1.0	3.37	1.5		5.87	5.87	5.87	1.47
渡槽施工	0.5		0.4	0.01	1.64	1.63	1.63	0.87
渠道施工		1.11	0.7		1.81	1.81	1.81	2.71
施工道路			2		2	2.00	2.00	1.00
取料场			0.16		0.16	0.16	0.16	0.32
弃渣场			0.93		0.93	0.93	0.93	0.06
合计	1.5	36.57	12.18	13.69	63.94	50.97	50.97	14.41

10.4 生产建设过程中水土流失预测

巴马县所略水库扩容工程在施工建设过程中，坝体加固、坝肩山体加固、渠系工程的明石开挖、区内公路建设、库岸（区）治理及采料场的取料等，均涉及一定的土石方开挖及弃渣，受雨水的冲刷，不可避免地产生水土流失，是一种典型的人为加速侵蚀。流失类型主要为面蚀、沟蚀。在工程建设过程中，相应建设一定的水土保持设施工程，水土流失量可得到一定的、有效的控制。

10.4.1 扰动原地貌、损坏土地和植被的面积

10.4.1.1 工程永久性占地

本工程永久性占地是指被工程建筑物永久占用,不能恢复原土地功能的永久性用地。根据本工程的实际情况永久性占地不多,主要为新建库区公路、新建库区拦渣墙、工程管理用房建设占地等,共计划 40.92 hm^2。其中,正常水位抬高淹没占地:38.3 hm^2;新建库区公路占地:2.1 hm^2;拦渣墙 5 处占地:0.4 hm^2;工程管理用房占地:975 m^2。

10.4.1.2 工程临时占地

工程临时占地是指工程施工中用地,工程完工后可以恢复原土地功能的临时性用地。包括工程建设中的临时公路、临时仓库、临时设施堆放场地、料场、临时住房、管道埋设、渠道除险加固以及临时渣场、弃渣场等(弃渣场通过水土保持措施以后,占林还林、占草还草)。

临时占地总面积 18.89 hm^2。其中,输水线路施工临时占地 18.7 hm^2,枢纽施工临时占地 0.19 hm^2。

永久占地和临时占地主要为水面、山沟、林地、荒草地和耕地等。地表扰动面积和损坏水土保持设施面积详见表 10-2 所示。

10.4.2 工程土石方及平衡分析

在工程设计和施工组织设计中,本着尽量减少工程投资,保护水土资源的原则,工程所产生的土石方,力求挖填平衡,尽量减少外购和弃运。实在难以平衡的或回填材料要求与开挖土石方不一致,则采取购进或者弃渣。

(1)各工区的施工场地设计中力求做到上挖下填。

(2)便民公路和临时道路,在道路的横断面上力求做到上挖下填,土方平衡;只有在自然山坡陡于 45° 的区域才采取外运。在道路的纵断面布置上,力求在 500 m 里程中,挖填平衡。

(3)渠道加固施工,道路尽量利用现有的渠堤,开挖土石方量,尽量回填在渠道现有堤面,减少外运和弃渣。

根据工程布置,工程的土石方平衡分析结果如表 10-3 所示。

表 10-3 所略水库扩容工程土石方平衡分析结果 (单位:m^3)

序号	工程项目名称	开挖	场地回填	管道回填	道路回填	拦渣墙回填	山体加固回填	渠道回填	弃渣量
1	左坝肩山体加固	4 000					3 500		500
2	大坝加固施工场地	1 800	1 800						0
3	管理用房场地平整	3 400	3 400						0
4	进库公路	6 300			3 500				2 800
5	右岸便民公路	14 400			10 200				4 200

序号	工程项目名称	开挖	场地回填	管道回填	道路回填	拦渣墙回填	山体加固回填	渠道回填	弃渣量
6	库区山体加固	3 500					2 260		1 240
7	库区拦渣墙	3 000				2 200			800
8	拦渣墙施工道路	48 000			48 000				0
9	水库至二级水电站之间的输水渠道除险加固	3 300						1 500	1 800
10	新建输水管道工程建设	21 813		19 740	2 073	（用于施工道路回填）			0
11	管道施工道路	14 650			16 742				
12	巴定水库至县水厂输水渠道工程除险加固	3 905							3 905
13	渠道、渡槽施工道路	19 000			19 000				
14	巴定水库进库公路建设	10 800			7 500				3 300
	合计	157 868	5 200	19 740	107 015	2 200	5 760	1 500	18 545

10.4.3 预测的内容和方法

根据该工程建设施工的特点和工程的实际情况,水土流失预测内容主要为:

(1)工程对原生地表及植被的占用和破坏情况的预测。

(2)工程在建设过程中的弃渣、弃石、弃土数量的预测。

(3)损坏水土保持设施预测。

(4)工程建设及运行期可能造成的水土流失量的预测,包括工程建成、水保工程完工后的水土流失状况。

预测方法主要采用类比法,同时与当地调查相结合进行预测。本项目区由于工程施工扰动地表而发生的水土流失量,采用侵蚀模数法进行预测。

扰动地表的土壤流失量预测公式如下:

$$W_{S1} = \sum_{i=1}^{n} [F_i \times (M_{S1} - M_0) \times T_i]$$

式中:W_{S1}为扰动地表区新增的水土流失量,t;n 为预测单元,1,2,3,…,n-1,n;F_i为第 i 个预测单元面积,km^2;M_{S1}为不同预测单元扰动后的土壤侵蚀模数,$t/(km^2 \cdot a)$;M_0为不同预测单元土壤侵蚀模数背景值,$t/(km^2 \cdot a)$;T_i为预测时段,a。

预测时段分为施工期和植被恢复期,施工期按施工组织设计进行,植被恢复期按 2 年考虑。

10.4.4 可能造成的水土流失量预测

10.4.4.1 扰动以后的土壤侵蚀模数确定

渠道加固和管道施工以及道路施工,都是处在山坡地带。根据巴马县林业局的调查资料,巴马县坡度25°以上的耕地侵蚀模数达16 500 t/(km² · a)。

渡槽一般都是处在山沟处,土壤侵蚀模数类比采用12 500 t/(km² · a)。

10.4.4.2 背景模数的确定

扰动以前的背景模数,根据10.2.2部分取400 t/(km² · a)。

山体滑坡治理的背景模数选取为10 250 t/(km² · a)。

10.4.4.3 施工准备和施工期新增水土流失预测

由于该工程基本属于点线型工程,各个工程项目的施工均可分成独立的施工单元。各项单元施工既可同步进行,也可分期进行。因此,施工准备期和施工期相对较短,除枢纽加固准备期和施工期为1年外,其他各单元根据项目总量的大小分别为4~9个月基本可以完成。

按照上述分析,本工程施工准备期和施工期的水土流失量为2 247 t。各个项目水土流失情况如表10-4所示。

表10-4 所略水库扩容工程施工期新增水土流失量预测

时段	项目	水土流失面积(hm²)	土壤侵蚀模数[t/(km² · a)]			预测时段(年)	水土流失总量(t)		
			扰动前	扰动后	新增		扰动前	扰动后	新增量
施工准备期、施工期	一、水库部分								
	施工场地	0.19	400	16 500	16 100	1	0.8	31.4	30.6
	便民公路	2.10	400	16 500	16 100	0.5	4.2	173.3	169.1
	进库公路	4.75	400	16 500	16 100	0.5	9.5	391.9	382.4
	库内拦渣墙	0.32	400	16 500	16 100	0.3	0.4	15.8	15.5
	拦渣墙施工道路	6.00	400	16 500	16 100	0.3	7.2	297.0	289.8
	坝端山体加固	0.38	10 250	16 500	6 250	0.5	19.5	31.4	11.9
	淹没	24.7							
	管理用房	0.13	400	16 500	16 100	0.5	0.3	10.5	10.2
	二、输水工程部分								
	新建管道	5.87	400	16 500	16 100	0.75	17.6	725.9	708.3
	渡槽施工	1.63	400	12 500	12 100	0.75	4.9	152.5	147.6
	渠道施工	1.81	400	16 500	16 100	0.5	3.6	149.0	145.4
	施工道路	2.00	400	16 500	16 100	0.5	4.0	165.0	161.0
	取料场	0.16	400	16 500	16 100	1	0.6	26.4	25.8
	弃渣场	0.93	400	16 500	16 100	1	3.7	153.0	149.3
	合计	50.97	400	16 500	16 100		76.3	2 323.1	2 246.9

10.4.4.4 林草植被恢复期新增水土流失量预测

林草植被恢复期:根据当地的实际情况,可近似拟定为2年。根据工程的施工情况、当地降水情况、林草恢复情况初步确定。由于每一个单元工程(除大坝外)最长施工期为管道安装和渡槽除险加固,拟定工期9个月。为了减少对青苗的补偿费用,施工期一般在9月开始,主体工程竣工期一般在5~6月底。因此,水土保持植物措施种植完毕后,即进入该地区的暴雨期,因此,第一年的水土流失模数一般达不到完全恢复以后的50%。根据典型工程调查部分检测点的统计数据分析,第一年暴雨期水土流失模数为完全恢复期的35%~40%。第一个暴雨期后,经过对水土保持植物措施的维护和自然生长,到第二年的暴雨期,水土保持植物措施的保护能力可达到完全恢复期的70%左右。因此,在预测植被恢复期水土流失量中,土壤侵蚀模数分别为:

第一年:扰动后×60%;

第二年:扰动后×30%。

根据以上分析,该工程水保措施植被恢复期新增水土流失量为3 555 t。各个单元工程各个时期的植被恢复期水土流失量预测值如表10-5所示。

表10-5 所略水库扩容工程水土保持措施恢复新增水土流失量预测

时段	项目	水土流失面积(hm²)	土壤侵蚀模数[t/(km²·a)]			水土流失总量(t)		
			扰动前	扰动后	新增	扰动前	扰动后	新增量
第一年	一、水库部分							
	施工场地	0.19	400	9 900	9 500	0.8	18.8	18.0
	便民公路	2.10	400	9 900	9 500	8.4	207.9	199.5
	进库公路	4.75	400	9 900	9 500	19.0	470.3	451.3
	库内拦渣墙	0.32	400	9 900	9 500	1.4	31.7	30.4
	拦渣墙施工道路	6.00	400	9 900	9 500	24.0	594.0	570.0
	坝端山体加固	0.38	10 250	9 900	−350	39.0	37.6	−1.4
	管理用房	0.13	400	9 900	9 500	0.5	12.5	12.0
	二、输水工程部分							
	新建管道	5.87	400	9 900	9 500	23.5	580.7	557.2
	渡槽施工	1.63	400	7 500	7 100	6.5	122.0	115.5
	渠道施工	1.81	400	9 900	9 500	7.2	178.9	171.7
	施工道路	2.00	400	9 900	9 500	8.0	198.0	190.0
	取料场	0.16	400	9 900	9 500	0.6	15.8	15.2
	弃渣场	0.93	400	9 900	9 500	3.7	91.8	88.1
	小计					142.5	2 560.0	2 417.5

时段	项目	水土流失面积（hm²）	土壤侵蚀模数[t/(km²·a)]			水土流失总量(t)		
			扰动前	扰动后	新增	扰动前	扰动后	新增量
第二年	一、水库部分							
	施工场地	0.19	400	4 950	4 550	0.8	9.4	8.6
	便民公路	2.10	400	4 950	4 550	8.4	104.0	95.6
	进库公路	4.75	400	4 950	4 550	19.0	235.1	216.1
	库内拦渣墙	0.32	400	4 950	4 550	1.3	15.8	14.5
	拦渣墙施工道路	6.00	400	4 950	4 550	24.0	297.0	273.0
	坝端山体加固	0.38	10 250	4 950	−5 300	39.0	18.8	−20.2
	管理用房	0.13	400	4 950	4 550	0.5	6.3	5.8
	二、输水工程部分							
	新建管道	5.87	400	4 950	4 550	23.5	290.3	266.8
	渡槽施工	1.63	400	3 750	3 350	6.5	61.0	54.5
	渠道施工	1.81	400	4 950	4 550	7.2	89.4	82.2
	施工道路	2.00	400	4 950	4 550	8.0	99.0	91.0
	取料场	0.16	400	4 950	4 550	0.6	7.9	7.3
	弃渣场	0.93	400	4 950	4 550	3.7	45.9	42.2
	小计					142.5	1 279.9	1 137.4
合计								3 554.9

10.4.5 可能造成的水土流失危害

本工程区域为广西壮族自治区水土流失重点治理区,若不及时采取合理的水土保持防护措施,该工程的建设无疑会加剧该地区的水土流失。本项目可能造成的水土流失危害主要有以下几个方面:

(1)工区的部分输水渠段属于石山区域,土层较薄,土壤严重侵蚀,基岩裸露,导致严重的石漠化,加剧了石山地区生态环境的恶化。

(2)土地生产力降低。工程施工中的临时占地、管理用地及其他影响区,在施工中受到扰动和破坏,造成的水土流失,虽可以恢复原土地功能,但因水土流失增加,从而减小土壤厚度,降低土壤肥力,影响粮食生产。

(3)淤塞河道、掩埋耕地。施工弃渣的随意堆放、弃置,会引起弃渣在雨水等外营力的作用下顺着随地表径流、沟道、坡道流入河道、农田,造成泥沙淤积、埋压庄稼,影响河道行洪及作物正常生长。

(4)加剧洪涝灾害发生。开挖、弃渣等建设活动,改变了原有地面径流,降低了区域内沟道排洪、泄洪能力,加大了洪涝灾害发生频率。

(5)诱发地质灾害。在工程开挖过程中,若不采取水保措施,任意开挖断面、随意堆放弃土石方,极易破坏山体稳定、堆置体疏松,在暴雨等作用下,可能会诱发地质灾害,如滑坡、崩塌、泥石流等,造成下游地区的严重灾害。以上各种因素都会影响项目区生态环境,使其恶化。

(6)对工程项目本身可能造成的危害。

项目区降水量和暴雨强度较大,如输水渠道、进库公路,若水土保持措施不到位,很容易造成淤积、堵塞乃至垮塌。

据前面预测结果可知,本工程扰动、破坏原地貌、土地及植被的面积达 47.25 hm^2,其中工程永久占地 40.92 hm^2,临时占地 18.97 hm^2,其中淹没占地 38.3 hm^2。该工程弃渣总量约 1.85 万 m^3。若不采取水土保持措施,工程建设后,可能造成的水土流失量每年达 3 200 t。

由于项目所在地区属石山地区,石漠化现象尚未完全得到遏制,土地资源相对不够丰富,若水土流失不能得到有效的控制,不仅直接影响到当地种养殖业的生产条件,而且会造成生态环境的恶化,严重影响到全县工农业生产和人民生活质量的提高。

因此,本工程必须严格执行水土保持设计中规定的工程措施和生物措施,减少水土流失量,保护生态环境。随着工程的逐步完工,各水土保持功能的日益完善和发挥,在工程生产运行期,建设区水土流失将逐步减小,原地貌水土流失得到治理,新增水土流失得到有效控制,工程建设区将达到新的平衡状态,生态环境得到改善。

10.5　水土流失防治方案

10.5.1　防治目标

(1)最大限度地减少所略水库扩容水利工程两侧及输水系统等水土流失防治责任范围的水土流失,不仅工程建设区原有水土流失得到治理,新增水土流失得到有效控制。

(2)工程建设过程中采取保护水土资源的措施,使弃渣场等得以妥善处理,确保弃渣场下游工农业生产以及人民群众生命财产安全和环境安全。

(3)在项目建设区和直接影响区进行水土保持植物防护,按因地制宜方针,林、乔、灌、草相结合的综合防护体系,使项目区有机、和谐地融于当地自然生态体系。

(4)对临时用地和直接影响区进行土地整治后植树种草或恢复耕地,保护土地资源。

(5)工程投入运行后,工程区水土流失治理程度超过 90%,项目弃土、弃渣拦挡率达到 90%以上,项目建设区宜林宜草地绿化率达到 90%以上。

10.5.2　设计深度及设计水平年

10.5.2.1　设计深度

所略水库扩容水利工程目前正处在可行性研究阶段,因此本水土保持方案按可行性研究阶段进行设计。

10.5.2.2　设计水平年

设计水平年为每一个单元工程完工的第一年。

10.5.3　水土流失防治分区

根据工程建设特点、造成的水土流失类型,确定工程水土保持分区为:

大坝枢纽工程区(包括料场施工场地)、库区治理区、输水工程区、进库公路(包括进库公路、便民公路、临时道路)建设区,弃渣场防治区、采石料场治理区。

10.5.4　水土保持措施

根据本项目主体总体布局特征,确定本工程的水土流失采取重点治理与面上防护相结合,生物措施与工程措施相结合。以工程措施为先导,充分发挥工程措施的速效性和保障作用,生物措施为水土保持辅助措施,起到长期稳定土壤的水土保持作用。

10.5.4.1　大坝枢纽工程区

该部分由施工场地和管理用房建设两部分组成,主要是施工期间的临时道路、临时生活区、拌和场、材料堆放场、机械停放场、临时施工设施和新建管理用房、坝端山体加固等,本区域水土流失面积为 0.57 hm^2。水土流失产生的原因是开辟部分山坡,进行平整场地,使其现有的水土保持措施遭到破坏,而造成水土流失。

1.施工场地部分

工程布局为:在场地平整时,在开挖线以外设排水沟,避免山坡水流冲刷新开辟的场地和裸露的坡面;在靠山开挖坡处采取浆砌块石护坡,稳固上坡山体,在回填区建设浆砌块石挡土墙,稳定回填坡脚;施工结束、临时设施拆除后,改造其被占压、破坏的地表,恢复原有土地使用功能,见 SL-KY-SB-01。

2.新建管理用房部分

在水库管理用房以及大坝枢纽永久设施、永久上坝公路等建筑物周围设排水沟并植树种草,对开挖形成的边坡根据实际情况采取防护措施。

工程管理范围及影响区内植被稀疏或遭到扰动破坏的地方采取植树造林,以提高土壤的抗侵蚀能力。

3.左坝段山体加固部分

该加固工程将产生临时堆渣和部分弃渣,临时堆渣和弃渣处理见 SL-KY-SB-04,工程建设后水保措施如图 10-1、图 10-2 所示。

10.5.4.2　库区治理

库区治理主要由 3 部分组成:库区拦渣设施建设、库区湿地建设、库区库岸稳定建设。

库区拦渣设施建设:该项工程具有环境建设和水土保持功能,主要是在施工期间产生水土流失现象。工程施工场地和施工临时道路,破坏水土保持设施面积为 6.32 hm^2。

拦渣设施的施工道路根据地形主要是在山坡地带,施工期在非汛期,避开可能出现的山洪危害,防止水土流失的关键点,是搞好排水沟的建设,防止雨水集中冲刷,施工完毕后,植树种草。

图 10-1　左坝端现状　　　　　　　　　　　　图 10-2　左坝端治理后

10.5.4.3　输水工程区

渠系工程由明渠、隧洞、渡槽、输水管、渠系配套建筑物等组成。

明渠主要是防渗、加固、巴定水库至县水厂的渠道扩建加固、明渠防止污染等工程措施。在上述各项目施工中,若渠系两侧开挖边坡不稳定处,采取相应的护坡措施,同时施工做好坡面排水。对渠系开挖土石方,主要用于渠堤加固,局部需要做配套建筑物而弃渣较多的,则采取就近集中防治,具体防治措施见弃渣场典型设计。

对于隧洞、渡槽、施工场地、弃渣,根据施工特点在作业带附近分别设置合理的渣场集中堆放,同时对渣场采取相应的防治措施。

新建输水管部分施工顺序为:表土剥离堆放→开挖→填筑临时施工道路→敷设管道→清除临时道路→回填→弃渣处理→恢复生态。施工过程中,主要是为以后复耕、恢复植被的表土临时堆放和部分弃渣产生水土流失,具体防治措施为:沿管道非施工道路侧,集中成线性堆放,堆放高度不超过 1.50 m,堆放边坡为 1∶1,土体采用防水彩条布遮盖防止水土流失,两边设排水沟,见 SL-KY-SB-05。

施工后,临时道路拆除弃渣,运至弃渣场集中处理。临时道路拆除后,根据土地原状,还耕、还林、还草。

10.5.4.4　公路(包括进库公路、便民公路、临时道路)建设区

1.进库公路、便民公路

为了便于枢纽管理,将以前当地村民直接从大坝上通过的道路进行改建,四级乡村公路 6.5 km。

其水土保持方案为:山坡、路边排水沟建设;回填坡植树植草建设;弃渣场保护措施等。其他主体工程设计中,为了公路自身的稳固性,而设计的挡土墙、排水沟和排水涵洞、消能防冲工程,虽具有水土保持功能,但这些部分建议纳入主体工程部分。便民公路的水土保持见 SL-KY-SB-02、SL-KY-SB-03。

2.临时施工道路

对于坝区以外的临时施工道路,由于其道路简易、使用时间短,水土流失防治措施以具有水保速效性的工程措施为主,用干砌块石或浆砌块石护坡,并设排水沟和排水涵洞,减少水土流失。

工程施工完毕后,若当地村民需要,可以继续留用,则按便民道路进行水土保持植物

措施建设,若当地村民没有需要留用,则全扰动面还耕、还林、还草。

10.5.4.5 弃渣场防治区

根据土方平衡分析,该工程的总弃渣量为1.85万 m³,主要发生在道路建设、渠道除险加固和库区山体加固方面。因此,弃渣场的选择,在工程附近,选择地形相对较平缓,汇水面积较小,植被相对较弱的草地、荒地或灌木地。

弃渣场的建设,按先防后弃、先拦后弃的原则进行,坚持工程措施固整体、生物措施固根本、安全第一、生态为主的设计理念。

具体施工程序为:开挖周边截流排水沟→初级挡渣墙→回填→第2(第 n)级→挡渣墙→回填→回填表层土→植树种草。

根据工程现状和弃渣量的大小,初步分析,该工程的弃渣场初步选择为:

(1)枢纽、坝端山体加固弃渣场1处,布置在大坝上游的东侧山坳处,弃渣量500 m³。

(2)进库公路弃渣场1处,初步选择在进库公路旁边的弄怀村附近,原砂石料场处,弃渣量2 800 m³。

(3)便民公路弃渣场2处,一处初步选择在便民公路西侧,山坡较缓的灌木山坡;另一处选择在六恒村南部的灌木山坡,两处弃渣量共4 200 m³。

(4)库区山体加固,弃渣场结合山体整治尽量就地消化,原则上采用挡土墙处理,少量弃渣,就近选测山坡稳定、平缓的灌木、草地。初步核算弃渣量1 240 m³。

渠系渣场:

(1)所略水库至弄怀间的渠道产生的弃渣,运至弄怀村附近原砂石料场处,弃渣量1 800 m³。

(2)巴定水库与水厂之间的渠系建筑物整治,该渠段涉及渡槽和渠道,初步选定弃渣场3处,弃渣量3 905 m³。

弃渣场建设除保持弃渣稳定安全、排水沟的防冲和沉沙池等,需要砌石结构外,堆渣完毕后,覆盖当地作物土壤,种植当地树木、灌木、草类等。弃渣场典型设计见 SL-KY-SB-04。

10.5.4.6 采料场

工程中采用的块石、碎石等建筑地材的料场,选定在枢纽附近的弄怀村所属的山地,该区是枢纽建设初期的砂石料场。开挖砂石料前,剥离层先集中临时堆放并做好防护,采取临时拦挡措施。土石方各自集中堆放。

坡脚设临时拦渣墙,采用干砌块石,顶宽0.4 m,底宽0.8 m,高2 m,坡比1∶1.0;对料场开挖形成的岩质边坡削坡处理,去除不稳定石块,并砌筑成台阶形梯地,梯地种树植草。坡度较陡的,清除浮动岩石,然后挂网植草。

开采过程中,做好排水工作,施工结束后采石料场、土场覆土还林。

料场水土保持措施见 SL-KY-SB-05。

10.5.5 水土保持措施工程量

根据上述各项水土保持措施,本工程的水土保持工程量见表10-6。

表 10-6　所略水库水土工程量汇总

项目	水土流失面积（hm²）	水土保持措施							
		草皮（hm²）	植树（株）	覆土（m³）	土石方开挖（m³）	浆砌石排水沟（m³）	浆砌石挡土墙（m³）	挂网植草（m²）	临时覆盖（m²）
施工场地	0.19	0.13	380	513					
便民公路	2.10	0.75	4 500		3 780	2 160		3 800	
进库公路	4.75	1.43	14 250		9 310	6 840		3 500	
库内拦渣墙	0.32		800	864					
拦渣墙施工道路	6.00	4.80	15 000	16 200					
坝端山体加固	0.38	0.30	950	1 026					1 500
管理用房	0.13	0.04	120	342					
新建管道	5.87	4.11	9 532	12 318					2 695
渡槽施工	1.63	1.14	2 643	3 415					1 300
渠道施工	1.81	1.26	2 936	2 710					
施工道路	2.00	1.40	3250						
取料场	0.16	0.10	260	720	819	468	1 800	1 620	1 500
弃渣场	0.93	0.56	1 507	2 504	2 016	1 152	5 760		
合计		16.02	56 128	40 612	15 925	10 620	7 560	8 920	6 995

10.6　水土保持监测

水土流失监测是水土保护工作的重要组成部分，能够及时反映工程水土保持信息，给实施监督管理提供依据，从而采取有力的管理措施，实施有效的监督管理。

10.6.1　监测项目及内容

主要监测施工过程中各水土保持措施的实施情况，水土保持措施实施效果、水土保持植物措施实施后林草生长情况、植被覆盖情况、监测项目区塌方、滑坡、洪涝灾害情况等。

10.6.2　监测时段及频率

监测时段主要有工程施工作业前水土流失本底监测、工程建设过程中水保设施及水土流失监测、工程完工后水保设施及水土流失监测。工程竣工后，连续监测 6 年，每年监测 2 次，雨季来临前（每年 4 月）监测 1 次，雨季过后（每年 9 月）监测 1 次。

10.6.3 监测点的布置

根据本工程的实际情况,发生水土流失较大的区域为弃渣场、取料场、管道施工路段、便民公路建设等。为此拟定在 8 个弃渣场、取料场各设置 1 个监测点,管道施工路段、便民公路分别设置 11 个监测点检测水土流失量。

水土流失检测按照《水土保持监测技术规程》(SL 277—2002)执行。

10.7 工程投资估算

10.7.1 编制依据

10.7.1.1 编制原则

(1)水土保持工程作为主体工程的重要组成部分,费用估算的编制依据、价格水平年、费用计取等与主体工程一致。

(2)主要材料价格、工程单价与主体工程一致。

(3)植物措施单价依据当地市场价格水平确定,尽量与主体工程保持一致。

(4)价格水平年与主体工程价格水平年一致。

10.7.1.2 估算编制依据

(1)《水土保持工程概(估)算编制规定》和《水土保持工程概算定额》(水总〔2003〕67号)。

(2)国家计委、建设部发布的《工程勘察设计收费标准》(计价格〔2002〕10 号)。

(3)《广西壮族自治区水土保持设施补偿费和水土流失防治费征收使用管理办法》(桂价费〔2007〕262 号)。

(4)国家发改委、建设部关于印发《建设工程监理与相关服务收费管理规定》的通知(发改价格〔2007〕670 号)。

10.7.2 投资估算

经计算,本工程新增水土保持总投资 1 183.54 万元。其中,水土保持设施补偿费 23.63 万元。水土保持投资估算见表 10-7。

表 10-7 所略水库水源工程水土保持投资总估算 　　　　(单位:万元)

序号	工程或费用名称	建安工程费	植物措施		独立费用	合计	备注
			种植费	苗木种子费			
一	第一部分　工程措施	592.23				592.23	
1	挡渣工程	215.13				215.13	
2	排水工程	319.60				319.60	
3	土地整治工程	57.50				57.50	

序号	工程或费用名称	建安工程费	植物措施		独立费用	合计	备注
			种植费	苗木种子费			
二	第二部分　植物措施	141.94	20.27	161.62		323.82	
1	植物防护工程	141.94	20.27	161.62		323.82	
三	第三部分　临时工程	25.32				25.32	
1	临时防护工程	7.00				7.00	
2	其他临时工程	18.32				18.32	
四	第四部分　独立费用				152.86	152.86	
1	建设单位管理费				18.32	18.32	
2	工程建设监理费				18.02	18.02	
3	科研勘测设计费				26.52	26.52	
4	水土保持监测费				40.00	40.00	
5	水土保持验收及评估报告编制费				50.00	50.00	
五	基本预备费					65.68	
六	水土保持设施补偿费					23.63	
	总投资					1 183.54	

第 11 章 劳动安全与工业卫生

11.1 设计原则与依据

11.1.1 设计原则

为了贯彻"安全第一、预防为主"的基本方针,满足水利建设项目投产后劳动安全与工业卫生规定的要求,提高工程运行、管理人员的安全意识,自觉防范生产经营过程中的安全卫生风险,减少因忽视安全生产工作而带来的负面影响和经济损失,有效地预防和控制职业病和生产安全事故的发生,确保劳动者在生产过程中的安全与健康,需进行劳动安全与工业卫生设计。

11.1.2 设计依据

所略水库扩容工程在劳动安全与工业卫生设计中,遵照国家颁布的有关法律法规及规范规程:

(1)《水利水电工程劳动安全与工业卫生设计规范》(GB 50706—2011)。

(2)《水利水电工程设计防火规范》(SDJ 278—1990)。

(3)《水利水电工程土建施工安全技术规程》(SL 399—2007)。

(4)《水利水电工程金属结构与机电设备安装安全技术规程》(SL 400—2007)。

(5)《建筑设计防火规范》(GB 50016—2014)。

(6)《火灾自动报警系统设计规范》(GB 50116—2013)。

(7)《工业企业噪声控制设计规范》(GB/T 50087—2013)。

(8)《工业企业设计卫生标准》(GBZ 1—2010)。

(9)《安全标志使用手册》(GB 16179—1996)。

(10)《安全标志及其使用导则》(GB 2894—2008)。

(11)《生产设备安全卫生设计总则》(GB 5083—1999)。

(12)《安全色》(GB 2893—2008)。

(13)《污水综合排放标准》(GB 8978—1996)。

11.2 劳动安全

按照本水库工程的特点、自然条件进行了平面布置和空间组合,并利用技术措施妥善解决安全卫生、防火防爆、通风采光、防水防潮等问题,保证员工工作和生活的环境质量。

11.2.1　主要危害因素分析

水库工程生产的特殊性决定了影响安全生产的不利因素多而复杂,主要有:

(1)外部环境造成的原因:洪水、风、霜、雨、雪、雷电、冰冻等自然灾害。

(2)生产环境和作业条件:高温、高压、易燃易爆、辐射、有毒及缺氧等作业环境。

(3)不良作业条件:高空、陡坡、交叉等不良作业条件。

(4)指挥和作业人员的失误。

11.2.2　施工劳动安全

针对工程施工或运行后可能产生的劳动安全问题,采取如下劳动安全措施:

(1)配备好安全员。

(2)所有施工人员,均要佩戴或持有与工作相关的安全设施及工具,如安全帽等。

(3)所有特殊岗位人员特别是爆破人员,必须要持证上岗。

(4)专人定时进行安全检查,及时纠正或消除安全隐患。

(5)土料场取料时,一律不准挖掏空切脚土。

(6)爆破时,必须在安全范围外的路上设立警戒,以使行人不靠近爆破范围。

(7)管理措施。

按照项目法人责任制,施工期建立由业主牵头协调、施工承包商负责实施、监理单位督促执行的施工安全协调管理机制,解决施工期的安全管理问题。业主统一协调管理本工程施工作业安全与消防、防汛、抗灾等工作,并将施工作业安全内容纳入工程发包条款和监理内容。施工承包商应做好施工安全工作的实施,并接受业主和监理的监督。

11.2.3　工程运行时劳动安全

11.2.3.1　运行期管理措施

根据启闭房面积少,又在坝顶的有利条件,启闭房采用自然排风和充分利用天然采光的方式,可完全满足采光和排风的要求。管理房由于面积少,设在通风昶阳的高地,其采光通风均利用天然采光和自然排风的方式。

工程按照《安全标志及其使用导则》(GB 2894—1996)的要求,制作安全标志,悬挂于醒目位置。安全标志包括禁止跨越、禁止烟火、当心触电、当心坠落、当心机械伤人、当心滑跌、带护耳器,标明消防设施和安全疏散通道。

启闭房内各电气设备均设自动安全保护装置,按规范要求配置灭火器1只。通往启闭机的通道两边设栏杆,高度不得低于1.05 m。

11.2.3.2　安全管理要求

安全卫生管理是所有建设项目和企业安全生产管理的重要组成部分,是保证安全生产必不可少的措施。安全生产管理,坚持安全第一、预防为主的方针。所略水库扩容工程建成投入运行后,经营管理单位必须遵守《中华人民共和国安全生产法》和其他有关安全生产的法律法规,加强安全生产管理,建立健全安全生产责任制度,完善安全生产条件,确保安全生产。生产经营单位的主要负责人对本单位的安全生产工作全面负责。

11.2.4 安全与卫生设计中采用的主要防范措施

11.2.4.1 防火、防爆

1.防火

本枢纽防火设计依据相关规范,在各生产场所和主要机电设备处设置专用的消防设施,并配有计算机监控系统。主要措施已在本工程可行性报告《消防设计》中详细论述,可参阅。

2.防爆

启闭机房的通风系统满足相关标准和规程的规定,减少引起爆炸及火灾物质的浓度。

防静电设施应符合《水利水电工程劳动安全与工业卫生设计规范》(GB 50706—2011)的规定。

所有工作场所严禁采用明火取暖。在大坝范围内显眼位置设防火、防爆标示牌。

管理房和启闭机房装修,必须按消防规定,严禁选用易燃易爆装饰材料。

11.2.4.2 防电气伤害

本工程高压设备只有变压器。为了使其安全运行,变压器必须设在单独的围墙内。变压器上悬挂"高压危险,请勿靠近"的警示牌;其他低压设备安装有自动保护装置。

11.2.4.3 防机械伤害、防坠落伤害

启闭机所用钢丝绳、滑轮、吊钩等应符合《起重机械安全规程》(GB 6067.1—2010)的有关规定。

楼梯、钢梯、平台均应采取防滑措施。

11.2.4.4 防洪、防淹

启闭机房地面高度位于坝顶溢流堰边墩上;放水蝶阀出口应设置可靠的排水设施。通往管理房建筑物外部的各种孔洞、管沟、通道、电缆廊道的出口高程均应高于下游的洪水位。

11.3 工业卫生主要措施

工业卫生包括管理房及启闭房的防噪声及防振动、温度与湿度控制、采光与照明、防尘、防污、防腐蚀、防毒和防电磁辐射等。

由于本工程没有大的机械设备,只有小型的启闭机,而且本机也不是经常运行的项目。因此,其防噪声、防振动、温度与湿度控制、防腐蚀、防毒和防电磁辐射等均无大碍,不必专门设计。

防尘、防污主要是注意启闭机的维修运行时,工作人员戴口罩进行防护。

本工程设计充分利用天然采光,以天然采光为主,人工照明为辅。本工程的管理房和启闭机房的天然采光均能满足作业要求,不用特别设置人工照明设备。晚上用照明器进行人工采光。启闭机房设应急照明灯,保障停电或发生事故时的安全需要。

本工程在施工期间,要设专门的卫生间,要有专人管理,定时打扫清洗。

本工程交付运行后,由于运行人员少,管理所设一般卫生间即可。因设备简单,其他

工业卫生条件如辅助用室等不予设置。

11.4　预期效果及评价

通过对本水库工程中存在的劳动安全与工业卫生影响因素进行分析,并在工程设计中根据土建、机电等各专业相关的规范采用相应的防范措施,可及时消除隐患,减少职业危害和人身安全事故,有效解决了防潮、防火、防爆、防噪声、采光、通风、照明等问题。

通过对所略水库水源工程进行劳动安全与工业卫生设计,为工作人员创造一个安全、卫生、舒适的工作空间和生活空间,提高工作效率,改善工作环境。

11.5　专用投资估算

本工程劳动安全与工业卫生设施专用投资已包括在工程的水工、机电等专业的投资中,此处不再单列。

第 12 章　节能降耗

12.1　编制依据

（1）《中华人民共和国建筑法》。

（2）《中华人民共和国节能能源法》。

（3）《中华人民共和国可再生能源法》。

（4）《中华人民共和国清洁生产促进法》。

（5）《建设工程勘察设计管理条例》（国务院令第293号）。

（6）《实施工程建设强制性标准监督规定》（建设部令第81号）。

（7）《国家发展改革委关于加强固定资产投资项目节能评估和审查工作的通知》（发改投资〔2006〕2787号）。

（8）《国家发展改革委关于印发固定资产投资项目节能评估和审查指南〔2006〕的通知》。

（9）《中国节能技术政策大纲》。

（10）《节能中长期专项规划》（发改环资〔2004〕2505号）。

（11）《建筑照明设计标准》（GB 50034—2013）。

（12）水电水利规划设计总院《水电工程可行性研究报告节能降耗分析篇章限制大纲》。

（13）《广西壮族自治区节能减排实施方案》（桂政发〔2007〕26号）。

（14）《公共建筑节能设计标准》（GB 50189—2015）。

12.2　节能降耗措施

12.2.1　建筑物布置节能降耗措施

本工程主要建筑物有双曲拱坝、输水明渠、隧洞、渡槽、输水管线及配套民用建筑。

12.2.1.1　库区建筑物布置与节能降耗

（1）根据所略水库扩容工程的特点，工程施工时充分采用当地材料，避免深挖和边坡问题，充分减少对环境的破坏。在满足工程施工质量要求的前提下，工程材料选择在距坝址最近的料场开采使用，节省能源资源消耗。

（2）在输水渠道布置上，在满足输水要求及安全的前提下，要与自然条件充分协调，利用地形高程差自重供水，不需要抽排，减少了渠道规模和消能处理，降低建筑工程能耗。

12.2.1.2　配套民用建筑

配套民用建筑包括居住建筑和办公建筑,该部分可统筹规划,合并修建。居住建筑的建筑节能设计按《广西壮族自治区节能减排实施方案》(桂政发〔2007〕26号)执行,办公建筑节能设计按《公共建筑节能设计标准》(GB 50189—2015)执行。

12.2.2　施工期节能降耗措施

根据本工程具体情况,将节能管理纳入工程建设全过程,还可以有效地控制施工过程中的能耗,建议在施工期的管理过程中可采取以下节能措施:

(1)在施工组织设计中尽量使施工设备满负荷、高效率运转;加强水、电和气的管理。

(2)在施工总布置规划时,充分利用所略水库及输水渠道沿线现场有利的地形、地势条件,并选择地质条件较好的区域。

(3)施工组织设计充分利用装配方便,可循环利用的材料,有效减少建筑垃圾。在主体工程施工过程中,合理安排施工进度,做好资源平衡,减少施工相互干扰,达到加快施工进度,减少能源消耗的目标。

(4)在施工技术和工艺选择上认真贯彻节能降耗要求,在多个方面进行研究改进,采取对策措施达到节能降耗的目标。

(5)场内交通结合工程永久交通布置统筹规划,合理布线,减少路线长度,缩短运输距离;供水管线布置尽量顺直,少转弯,缩短各管线的长度。场内交通应加强组织管理及道路维护,确保道路畅通,使车辆能按设计时速行驶,减少堵车、停车、刹车,从而节约燃油。

(6)施工营地建筑主要采用活动板房,部分结合永久管理区建筑物,有效减少浪费和重复建设,并在建筑物建筑过程中参照工业及民用建筑规范中关于节能降耗措施的要求来对营地建筑进行设计。

(7)合理配置生活电器设备,生活区的照明开关应安装声、光控或延时自动关闭开关,室内外照明采用节能灯具。

(8)成立节能管理领导小组,实时检查监督节能降耗执行情况,根据不同施工时期,明确相应节能降耗工作重点,加强现场施工、管理及服务人员的节能意识和教育。

工程建设管理过程中,应按照节能、节材、节水、资源综合利用的要求,始终贯彻节能降耗的设计思想,依照节能设计标准和规定,把节能方案、节能技术和措施落实到施工技术方案、施工管理之中。

12.3　节能降耗效果分析

所略水库主要以城镇供水、发电为主的综合利用工程。水库水量综合利用率高,所略水库的扩容建设使得所在河段水资源得充分利用,综合利用价值高。

在设计中,输水渠道选用明渠、隧洞与管路等多种输水方式,提高输水效率,减少水量渗漏蒸发损失及水质的二次污染,并充分比较输水管直径,合理选用流速,以减少水头损失,提高输水能力。

12.4 结　论

所略水库水源工程设计充分考虑了综合利用水资源及节约水资源等内容,注重水资源的综合利用,提高水资源的利用率。工程主要功能为城镇供水、发电,充分利用工程所在河段水资源,提高综合利用价值。充分考虑节水措施,提高了水资源利用率。在建筑节能、运行管理人员设置等方面也考虑了节能措施,提高了能源的利用效率,符合国家相关规定的节能降耗要求。

第13章 工程管理

13.1 管理机构

13.1.1 管理单位性质

所略水库水源工程是以供水、发电为主,兼顾防洪等效益的综合利用工程。枢纽位于巴马县所略乡六能村的坤屯河上。

本水源工程由双曲拱坝、溢洪道、供水系统、上坝公路、管理房、输水渠道等建筑组成。工程管理范围包括双曲拱坝、溢洪道、输水渠道等主要建筑物及辅助生产和办公设施,以及水库周围土地征用线以下库周土地、水面等。

本工程的城镇供水范围为巴马城区及其周边、工程沿线所略乡(六能村)、巴马镇(巴定村、坡腾村)等的居民生产生活用水及工农业发展用水,工程具有很强的社会公益性。另外,所略水库还装有 12 260 kW 的梯级电站,有发电效益,具有经营性质。电部供电范围是巴马县网,并与大电网并网运行。工程的运行调度,先保证城镇供水、下游水生态环境安全,同时要协调好水资源配置与发电的关系,经营性发电要服从公益性功能。

根据工程的规模、工程特点和有关部门的有关规定,依据《水库工程管理设计规范》(SL 106—2017)及《广西壮族自治区水利工程管理条例》等有关规定,工程成立专门的管理机构,机构设置符合精简统一,有利于加强企业管理,确保安全经济供水、发电的原则。为方便管理,拱坝、水电厂职能人员按一套管理机构实施统一管理,定员编制按有关规定并结合本工程的具体情况和实际需要确定。

根据《国务院关于加强公益性水利工程建设管理的若干意见》(国发〔2000〕20 号)的精神,所略水库工程管理单位是准公益性水利工程管理单位。

13.1.2 管理体制和任务

管理机构设置:参照《水利工程管理单位编制定员试行标准》(SLJ 705—81)的有关规定,为使管理机构设置精简、高效,并按"无人值班、少人值守"的原则具体确定人员编制及各项工作管理设施,满足生产经营管理的需要。

管理机构设置生产技术股及办公室。有关人事、保卫、劳资、行政等工作,均由办公室负责,管理机构编制人员 34 人,其中管理人员 5 人,生产运行人员 29 人,具体见表 13-1。

由于所略水库的坝下现已建有发电人员生产生活用房,故本次拟在坝下的六能村按15 人规模新建一座管理用房。

表 13-1　管理生产人员编制

序号	名称	定员
一	管理人员	5
1	管理所所长及技术负责人	2
2	调度运行	1
3	行政及财务	2
二	生产人员	29
1	电厂运行人员	10
2	水工建筑物维修养护及水工、水库观测	2
3	闸门及启闭机运行维修人员	4
4	电气运行、检修	2
5	仓库保管人员	1
6	汽车驾驶人员	2
7	引水渠道巡逻及维修养护人员	8
	总编制定员	34

（1）所略水库工程管理所设在坝下六能村，办公及辅助办公用房按每人 10～15 m^2 计列，所略水库管理所共 15 人，办公及辅助用房合计 225 m^2。

（2）职工住宅及文化福利房屋，按职工人均综合指标 30 m^2 计算为 450 m^2。

（3）生产用房包括仓库、油库、修配车间、车库等，生产用房合计 300 m^2。

（4）以上办公和生产、生活用房 975 m^2。

所略水库管理所归巴马县水利电业有限公司统一管理，业务上接受巴马县水利局的指导，汛期时按照水库调库规则接受防汛部门的统一调度。

管理机构的主要任务是负责拱坝、溢洪道、引水发电压力管、放空阀、发电厂房、上坝公路、输水渠道等工程设施的日常运行、维护和修理，确保工程安全运行，汛期在上级部门的领导下承担防汛抢险工作，并对建筑物保护等进行管理，协调各项水利任务之间的矛盾，充分发挥工程的效益，开展综合经营，不断提高管理水平。其主要工作内容包括：

（1）认真贯彻执行有关工程管理通则和上级部门的指示。

（2）建立健全岗位责任制，制定奖惩制度，确定工程调度运用规程。

（3）对工程认真检查观测，及时分析研究，随时将工程动态报告主管部门，及时进行养护维修，确保工程安全运行。

（4）及时掌握水情、雨情，做好工程的调度运用和防汛工作。

（5）因地制宜地利用水土资源，开展综合经营，绿化营区，发展生产，增加收入。

（6）做好电费、水费的征收、管理和使用工作。

13.2 工程管理范围与保护范围

参照《水库工程管理设计规范》(SL 106—2017)，工程管理范围和保护范围如下。

13.2.1 工程管理范围

工程管理范围包括工程区和生产生活区。

水库工程区的管理范围包括大坝、压力管、发电厂房、升压站、取水建筑物、观测设施、专用通信、交通设施等各类建筑物周围和水库土地征用线以下的库区。

具体要求水库库区管理范围如下：

（1）大坝枢纽从坝轴线向上不少于150 m，下游从坝脚线向下不少于200 m，上、下游均与坝头管理范围端线相衔接，大坝两端以第一道分水岭为界。

（2）大坝两端距坝端不少于200 m，发电厂房及升压站轮廓线向外不少于30 m，其他建筑物从工程轮廓线向外不少于20 m。

（3）取水建筑物管理范围包括输水管道、渠道、专用通信及交通设施等建筑物周围地区，管线建筑物由外轮廓线向外20 m。

（4）生产生活区管理范围包括办公室、防汛调度室、值班室、仓库、车库、检修厂、职工住宅及其他文化、福利设施等，其占地面积按不少于3倍房屋建筑面积考虑。

水库工程管理范围内的土地应与工程占地和库区征地一并征用。

13.2.2 工程保护范围

按照以上确定的工程管理范围，根据要求应设置保护范围。

（1）水库库区保护范围为管理范围线与第一道分水岭之间的陆地。工程和水库保护范围内的土地不得征用，按工程管理要求及有关法规制定保护范围的管理办法。

（2）其他建筑物保护范围：在工程管理范围边界线外延，不少于50 m。

13.3 工程管理设施

13.3.1 水库工程管理设施

水库工程管理设施包括：水库调度自动化系统，工程观测设施及其自动化系统，交通道路，维修养护设施和防汛设施，供水建筑物及其自动化计量设施，水质监测设施，管理单位办公用房、职工住宅和文化、福利设施，各类车辆、船只及附属设施等。

（1）大坝监测主要项目有变形监测、位移监测渗流监测。在初设阶段编制专项监测设计。

（2）通信以有线电话和移动通信为主。

（3）水库内外交通及附属设施，结合库区公路改建做好规划设计，工程管理范围内的主要道路与管理房、坝顶连通，道路等级为4级，设置回车场、停车场，车库设在管理房等。

（4）工程维修防汛设备：备用电源、照明设备以及必要的防汛抢险储备物资、仓库、料场。

（5）水库生产生活用水水源取自水库，经净水设施处理后使用。

（6）水库生产生活用电由电网供电，总容量340 kW。

（7）水库水质监测设施，按饮用水水源标准专项规划设计。

13.3.2　交通工具配备

根据《水库工程管理设计规范》（SL 106—2017），按实用和节约的原则，配置工具车1辆用于工程设施的检修管理，防汛专用车1辆用于水库防汛及日常管理，机动船1艘用于库面管理。大型车辆的使用以向社会临时租用为主。

13.4　管理办法

13.4.1　建设期管理

13.4.1.1　建设机构及法人形式

本水源工程建设机构为巴马县水利局，为行政单位体制，作为项目法人负责所略水库水源工程建设及配套工程的筹备、建设，由上级主管部门任命法人代表。

建设期管理包括立项后勘测设计管理、项目开工准备工作管理和建设期施工管理等。工程建设管理严格实行项目法人制、招标投标制、工程监理制、项目合同管理制等制度，严格按照国家有关的技术标准和规定进行工程建设管理，全面控制工程质量、进度和投资等各项目标。

13.4.1.2　机构设置及岗位定员

根据工程的功能和分布，结合建设期管理任务，设置管理机构及人员编制。

岗位设置及岗位定员以"因事设岗、以岗定责、以工作量定员"原则，积极推行"一人多岗"、合理兼职、优化人员结构、精简高效的集约化管理。参照《定岗标准》编制岗位及定员。

13.4.1.3　建管任务及管理范围

工程建管任务包括水源工程及其他所有项目的建设。

建设期管理职责是负责资金筹措、招标投标管理、建设协调管理、项目合同管理等。工程管理的范围包括：大坝、泄水及输水建筑物、交通设施等各类建筑物周围和水库土地征用线以内的库区。

13.4.1.4　管理措施

工程建设以项目法人负责制为中心，建立勘测设计、工程监理、工程施工、质量监督等各方组成的工程建设管理体系，严格执行建设监理制、招标投标制和项目合同制。在实施过程中重点加强投资、质量、进度、安全的控制。

根据《中华人民共和国招标投标法》，按照"公开招标、公平竞争、公正评标"的原则，通过市场竞争机制，对工程建设实行招标投标制。

市场经济条件下,必须通过合同维系各方联系。项目法人依照国家法律法规,以合同的方式将管理目标及相关责任分解到设计、监理、施工、设备等生产单位,形成设计、监理、设备生产单位对项目法人负责,项目法人对国家负责的管理机制。

通过招标邀请符合资质条件的监理单位,监理单位独立或法人的项目管理部门一道,全面负责工程施工和设备制造、安装过程中的质量、进度、造价、安全的监督和管理。加强关键线路工程的进度控制,加大对关键质量控制力度,确保工程按时建成。

13.4.2 运行期管理

13.4.2.1 管理机构

为了使工程能有效、充分地发挥效益,必须用市场经济的观念,建立产权明晰、责权明确、政企分开、管理科学的管理机构,负责工程的筹建、建设和运行管理。

管理体制实行政府宏观调控、公司市场化运作、用水户参与管理的新体制,按照市场要求和资源优化配置的需要,对水资源实行统一调度和分级管理。

所略水库建成后设所略水库管理所,运行期管理包括工程的运行、维护、巡视、检修及调度管理,实行管、养、护分离,企业市场运作管理。

13.4.2.2 运行管理运行调度

1.管理运用原则

(1)统一优化调配水资源和统一管理原则。

(2)节约用水原则。

(3)优绩优薪原则。

管理机构的任务是保证工程安全,进行科学管理,充分发挥工程供水效益,不断提高管理水平。

2.管理办法

水库供水属于企业性质,为确保工程建成后充分发挥效益,须建立管理机构统一管理、企业主动参与、经济上良性运行的管理体制。

管理主要工作内容如下:

(1)认真贯彻执行有关工程管理通则和上级部门的指示,制定《工程运行管理条例》。

(2)熟悉工程规划、设计、施工和管理运用的要求,及时掌握工程运行情况,加强水价动态管理。

(3)对工程认真巡视、检查和观测,及时分析研究,随时将工程动态报告上级部门,及时进行养护修理,消除工程缺陷,维护工程完整,确保工程安全运行。

(4)及时掌握水情、雨情,了解气象预报,做好水情测报,做好工程的调度运用和工程防汛工作。

(5)做好工程安全保卫工作。

(6)做好水费的征收、管理及使用工作。

(7)建立健全各项档案,积累资料,进行分析整编工作。

3.管理调度运用

所略水库水源工程的运行调度需结合巴马城区需水要求、所略梯级电站的发电调度运行,编制用水调度方案,严格按调度方案进行运用,由于基本资料、水情预报、调度决策等可能存在误差或失误,运行时需要留有余地,以策安全。

13.5 运行管理经费

运行管理经费包含管理人员工资及福利费用、办公设施、机械、交通、通信、煤水电以及必需的其他费用。所略水库管理所经费由巴马县水利电业有限公司与巴马县水利局根据业务范围协商统筹支付。

第 14 章   投资估算

14.1   工程概况

14.1.1   工程建设条件

所略水库位于广西河池市巴马县西部所略乡境内的灵奇河源头坤屯河上,在坤屯村上游 600 m 河段处,距离巴马县城 33 km。国道 G323、省道 S208 穿境而过,交通较为便利。

14.1.2   工程规模及效益

所略水库现有最大库容 3 685 万 m³,最大坝高 65.50 m。水库扩容后,最大坝高不变,只是对正常蓄水位抬高,扩容后的水库校核洪水位为 585.96 m,设计洪水位为 584.33 m,正常蓄水位为 583.0 m,总库容 3 747.26 万 m³,正常库容为 3 167.3 万 m³,兴利库容为 2 967.3万 m³,年供水量为 1 868.8 万 m³。该工程等别为Ⅲ等,工程规模为中型水库。所略水库扩容后,增加有效库容 540.3 万 m³,正常蓄水位抬高 3 m,正常蓄水位水面面积增加 27.1 万 m²。

所略水库扩容是《西南五省重点水源工程建设规划》中的项目之一,是巴马县计划近期开发的唯一骨干水源工程,主要任务是为巴马县城及所略乡等城镇和农村供水。所略水库扩容后,新增供水 5.12 万 m³/d,满足巴马城区、周边和沿途乡村供水。

14.1.3   工程建设内容

所略水库水源工程建设内容主要包括水库扩容和输水工程两部分组成。

水库扩容部分包括:

(1)溢洪道增设闸门,抬高水库正常蓄水位 3 m。

(2)大坝除险加固与完善配套。

(3)大坝两端山体整治与加固。

(4)进库公路、库区公路建设。

(5)库区治理建设。

(6)管理观测设施建设。

输水工程建设部分包括:

(1)所略水库至二级水电站前池之间的输水渠道除险加固。

(2)二级电站至巴定水库间新建输水管道工程建设。

(3)巴定水库至县水厂输水渠道工程除险加固。

14.1.4　主体建筑工程量

土石方开挖量 159 106 m³,土石方填筑量 49 540 m³,混凝土 26 656 m³,模板 133 326 m²,钢筋 1 290 t。

14.1.5　主要材料用量

钢材 1 316 t,水泥 13 328 t,柴油 213.9 t,砂 22 430 m³,块石 2 344 m³。

14.1.6　施工总工期

本工程设计施工总工期 24 个月。

14.1.7　投资主要指标

工程估算总投资为 17 206.42 万元。其中,工程部分投资 14 502.90 万元,移民与环境部分投资 2 703.52 万元。

工程部分投资包括:建安工程费 9 501.71 万元(其中包括临时工程 1 109.57 万元),设备购置费 1 520.05 万元,独立费用 2 162.70 万元(其中包含建设管理费、工程建设监理费、生产准备费、勘测设计费及其他费用),基本预备费为 1 318.45 万元。

移民与环境投资包括:建设征(占)地移民补偿费 1 240.48 万元,环境保护费 279 万元,水土保持费 1 184.04 万元。

14.2　编制依据

14.2.1　定额依据

14.2.1.1　主要依据

广西水利厅、发改委、财政厅联合以桂水基〔2007〕38 号文发布的《广西水利水电建筑工程概算定额》;

广西水利厅、发改委、财政厅联合以桂水基〔2007〕38 号文发布的《广西水利水电设备安装工程概算定额》;

广西水利厅、发改委、财政厅联合以桂水基〔2007〕38 号文发布的《广西水利水电工程机械台班费定额》。

14.2.1.2　编制办法及费用标准

广西水利厅、发改委、财政厅联合以桂水基〔2007〕38 号文发布的《广西水利水电工程设计概(预)算编制规定》。

14.2.1.3　其他依据

本工程设计成果;

按 2011 年第二季度物价水平编制。

14.2.2 基础价格

14.2.2.1 人工预算单价

人工预算单价执行广西水利厅、发改委、财政厅联合以桂水基〔2007〕38 号文发布的《广西水利水电工程设计概（预）算编制规定》,工日单价 27.65 元,工时单价 3.46 元。

14.2.2.2 主要材料价格

材料原价按 2011 年第二季度物价水平计列。预算价格包括材料原价、运杂费、采购保管费等。主要材料预算价格见表 14-1。

表 14-1 主要材料预算价格

序号	材料名称	单位	原价（元）	预算价（元）	限价（元）	说明
1	钢筋	t	4 817	4 997.66	3 000	在巴马县城采购,运距 33 km
2	板枋材	m³		812	800	当地信息价
3	水泥	t	422	466.69	250	在巴马县城采购,运距 33 km
4	汽油	t		9 270	3 000	市场价
5	柴油	t		8 500	3 000	市场价
6	炸药	kg	10.37	11.77		国家定价

14.2.2.3 施工用电、风、水单价

根据施工组织设计提供的供电方式,考虑施工用电比例:电网供电 98%,自发电 2%,经计算施工用电综合电价为 0.70 元/(kW·h)。

施工用风单价为:0.15 元/m³。

施工用水单价为:2.75 元/m³。

14.2.2.4 砂石料单价

工程区河床内缺乏天然建筑砂砾料,砂石料就近在大龙凤砂石料场购买,运距 25 km。砂石料预算单价为:碎石 94.24 元/m³,砂 103.52 元/m³。其限价分别为:碎石 30 元/m³,砂 30 元/m³。

14.2.2.5 主要设备价格

主要金属结构设备价格参考近期厂家报价和市场价格编制。

平板闸门:10 500 元/t;

闸门埋件:9 000 元/t;

QPPY I 平门液压机:450 000 元/台;

水电两用螺杆启闭机:6 000 元/台;

DN600 钢管:970 元/m。

14.2.3 建筑安装工程单价

建筑安装工程单价由直接工程费、间接费、利润及税金四项组成。采用概算定额编制

投资估算时乘以 1.1 的扩大系数。

14.2.3.1　建筑工程单价

按水工建筑物结构形式、断面尺寸、施工组织设计确定的施工方法、主要机械规格、型号、运输距离,选用相应的定额编制。

14.2.3.2　安装工程单价

按《广西水利水电设备安装工程概算定额》编制。

14.2.3.3　取费费率标准

1.其他直接费费率

计算基础为直接费,建筑工程费率为 2%,安装工程费率为 2.7%。

2.现场经费费率

现场经费费率见表 14-2。

表 14-2　现场经费费率

序号	工程类别	计算基础	现场经费费率(%)	
			枢纽工程	输水工程
1	土方工程	直接费	8	4
2	石方工程	直接费	9	6
3	混凝土工程	直接费	8	6
4	钻孔灌浆工程	直接费	7	7
5	其他工程	直接费	7	5
6	机电、金属结构设备安装工程	人工费	45	45

3.间接费费率

间接费费率见表 14-3。

表 14-3　间接费费率

序号	工程类别	计算基础	间接费费率(%)	
			枢纽工程	输水工程
1	土方工程	直接工程费	7	3
2	石方工程	直接工程费	8	5
3	混凝土工程	直接工程费	4	3
4	钻孔灌浆工程	直接工程费	6	6
5	其他工程	直接工程费	6	4
6	机电、金属结构设备安装工程	人工费	45	45

4.企业利润

按直接工程费与间接费之和的7%计算。

5.税金

按直接工程费、间接费、利润之和的3.37%计算。

14.2.4 其他说明

14.2.4.1 其他施工临时工程

按工程一至四部分建安工作量之和的3%计算。

14.2.4.2 独立费用

1.建设单位经常费

本工程为改(扩)建工程,建设单位经常费按建筑及安装工程费的1%计算。

2.工程建设监理费

工程建设监理费按发改价格〔2007〕670号《建设工程监理与相关服务收费标准》进行计算。工程监理费收费调整系数为:专业调整系数1.2、工程复杂程度调整系数1.0、高程调整系数1.0。

3.前期工作咨询服务费

前期工作咨询服务费按国家计委计价格〔1999〕1283号《关于印发建设项目前期工作咨询收费暂行规定的通知》的规定计算。

4.勘测设计费

勘测设计费按国家计委、建设部计价格〔2002〕10号文发布的《工程勘察设计收费标准》(简称《收费标准》)进行计算。工程设计收费调整系数为:专业调整系数1.2、工程复杂程度调整系数1.15、附加调整系数1.0;工程勘察收费调整系数为:专业调整系数1.04、工程复杂程度调整系数1.15、附加调整系数1.2,勘察作业准备费按勘察费的15%计算。

5.前期勘测设计费

可研勘测费按国家发改委、建设部联合发布的《水利、电力建设项目前期工作工程勘察收费暂行规定》〔2006〕1352号文进行计算;可研设计费按相应阶段水利、水电工程勘察收费基准价的40%计算。

14.2.4.3 预备费

基本预备费按一至五部分投资合计的10%计算。

14.2.4.4 占地和环境部分投资

按专题投资计列,请见专题报告或各专业章节。

14.2.4.5 土方运距说明等

本工程机械土石方开挖、土石方回填,平均运距2 km;人工土石方开挖、土石方回填就近堆放,平均运距50 m。

本工程混凝土全部采用现场搅拌。

本工程部分材料二次搬运费已包含在材料预算价格里。

14.2.5 工程项目估算

工程项目估算见表14-4。

表 14-4　工程项目估算总表

工程名称:巴马县所略水库水源工程　　　　　　　　　　　　　　　　　　　　（单位:万元）

序号	工程或费用名称	建安工程费	设备购置费	独立费用	合计
Ⅰ	工程部分投资				
一	建筑工程	8 139.82			8 139.82
（一）	大坝枢纽及附属设施工程	4 392.31			4 392.31
（二）	输水工程	3 747.51			3 747.51
二	机电设备及安装工程	61.71	230.37		292.08
（一）	发电、变电设备及安装工程	10.60	55.00		65.60
（二）	电气设备及安装工程	33.00	110.00		143.00
（三）	公用设备及安装工程	18.11	65.37		83.48
三	金属结构设备及安装工程	190.61	1 289.68		1 480.29
（一）	大坝溢洪道加闸及放空闸工程	57.35	555.09		612.44
（二）	二级电站前池至巴定水库输水工程	133.26	734.59		867.85
四	临时工程	1 109.57			1 109.57
（一）	临时施工道路工程	570.00			570.00
（二）	施工场外供电工程	97.89			97.89
（三）	施工房屋建筑工程	28.60			28.60
（四）	办公生活及文化福利建筑	136.33			136.33
（五）	其他施工临时工程	276.75			276.75
五	独立费用				2 162.70
（一）	建设管理费			606.09	
（二）	生产准备费			121.32	
（三）	科研勘察设计费			1 263.61	
（四）	建设及施工场地征用费				
（五）	其他			171.68	
	一至五部分投资合计	9 501.71	1 520.05	2 162.70	13 184.46
	基本预备费（10%）				1 318.45
	静态总投资				14 502.91
	价差预备费				
	建设期融资利息				
	工程部分总投资				14 502.91
Ⅱ	移民与环境投资				
一	征地移民补偿	1 240.48			1 240.48
二	水土保持工程	1 184.04			1 184.04
三	环境保护工程	279.00			279.00
	移民与环境总投资	2 703.52			2 703.52
Ⅲ	工程投资总计				
	静态总投资				17 206.43
	总投资				17 206.43

第 15 章　经济评价

15.1　工程概况

所略水库位于广西河池市巴马县西部所略乡境内的灵奇河源头坤屯河上,在坤屯村上游 600 m 河段处,距离巴马县城 33 km。国道 G323、省道 S208 穿境而过,交通较为便利。

所略水库大坝是混凝土拱坝,最大坝高 65.50 m,坝轴线弧长 245.05 m。水库扩容后,最大坝高不变,只是对正常蓄水位抬高,扩容后的水库校核洪水位 585.96 m,设计洪水位为 584.33 m,正常蓄水位为 583.0 m,总库容 3747.26 万 m^3,正常库容为 3 167.3 万 m^3,兴利库容为 2 967.3 万 m^3。该工程等别为Ⅲ等,工程规模为中型水库。所略水库扩容后,增加有效库容 540.3 万 m^3,正常蓄水位抬高 3.0 m。

所略水库水源工程的主要任务是向巴马城区及周边供水和沿程有关村组的人畜饮水,供水规模 5.12 万 m^3/d,年供水量为 1 868.8 万 m^3。

工程总投资估算为 17 206.42 万元,工程总工期 24 个月。

15.2　基础数据及依据

(1)社会折现率采用 8%,工程建设期 2 年,运行期采用 30 年,资金时间价值计算的基准点定在建设期的第一年年初。

(2)《建设项目经济评价方法与参数》(2006 年第三版)。

(3)《水利建设项目经济评价规范》(SL 72—2013)。

(4)国家、地方现行财税制度。

(5)广西有关水价改革政策。

(6)其他有关专业设计资料。

15.3　费用与效益

15.3.1　工程投资

工程估算总投资为 17 206.43 万元。其中,工程部分投资 14 502.91 万元,移民和环境部分投资 2 703.52 万元。

工程部分投资包括:建安工程费 9 501.71 万元(其中包括临时工程 1 109.57 万元),设备购置费 1 520.05 万元,独立费用 2 162.70 万元(其中包含建设管理费、工程建设监理费、生产准备费、勘测设计费及其他费用),基本预备费为 1 318.45 万元。

移民和环境投资包括:建设征(占)地及水库移民补偿费 1 240.48 万元,环境保护费 279 万元,水土保持费 1 184.04 万元。

价格水平年为 2011 年。

经分析计算,影子投资调整系数为 1。调整后国民经济评价的总投资为 17 206.43 万元。

根据经济评价规范,计算得本工程的固定资产投资为 15 313.71 万元。

15.3.2 年运行费

年运行费用包括人员工资及福利费,材料、燃料及动力费,维护费及其他费用。

年运行费按财务评价年运行费用影子投资调整系数做调整,为 149.63 万元,详见表 15-1。

表 15-1　年运行费

项目	年运行费(万元)
固定资产投资	15 313.71
人均工资(按 1.2 万元/年计,定编 34 人)	40.80
福利费(按工资总额的 14%计)	5.71
住房公积金及养老保险(按工资总额的 30%计)	12.24
材料、燃料及动力费(估算)	20.00
维护费(按工程固定资产投资的 0.3%计)	45.94
其他费用(按以上各项费用的 20%计)	24.94
年运行费合计	149.63

15.3.3 流动资金

流动资金按财务评价年运行费用影子投资调整系数做调整,为 14.96 万元。流动资金从项目投产前一年开始投入,本金在计算期末一次收回。

15.3.4 效益

本工程的效益主要有三个方面,一是供水效益,二是发电效益,三是防洪效益。水库扩容后,每年可向巴马城区及周边供水 1 868.8 万 m³,由此产生供水效益。水库扩容后,由于缺少对水库梯级电站发电效益的影响,即产生了发电效益。第三是水库大坝加固整治,消除了安全隐患,使沿河两岸防洪标准提高,使沿河两岸人民的生命财产有了保障。因此,产生防洪效益。

15.3.4.1　供水效益

本工程主要为向巴马城区及周边供水和沿程有关村组的人畜饮水,供水规模为 5.12 万 m³/d,年供水量为 1 868.8 万 m³。

供水效益按水价法计算,经调查,供水区域现状供水的源水成本(在进入水厂及配套管网之前的成本)平均为 0.3 元/m³。本工程以成本水价为基础,考虑税金、利润等因素,并结合其他乡(镇)供水水价情况,本着公平、合理、成本回收及水资源的可持续发展原则,制定本供水工程供水水价为 0.8 元/m³。由此计算供水效益每年为 1 495.04 万元。

15.3.4.2　发电效益

所略水库梯级电站总装机 12 260 kW。由于水库的扩容,电站来水充足,发电效率得到有效保证。经估算,每年可增加发电收入 242 万元。

15.3.4.3　防洪效益

水利建设项目防洪效益应按该项目可减免的洪灾损失和可增加的土地开发利用价值计算。本工程的防洪效益是指工程建设后,可以减少洪涝灾害带来的国民经济损失。洪灾损失主要有以下五类:

(1)人员伤亡损失。

(2)城乡房屋、设施和物资损坏造成的损失。

(3)防汛、抢险、救灾等费用支出。

(4)工矿停产、商业停业,交通、电力、通信中断等造成的的损失。

(5)农、林、牧、副、渔各业减产造成的损失。

经现场查勘,由于水库大坝及上下游加固整治,河道的防洪标准提高,两岸居民的因洪涝而造成的财产损失减少。估计每年减少洪涝损失 100 万元,即本工程的防洪效益为每年 100 万元。

15.4　国民经济评价

15.4.1　工程费用和效益调整

根据规范要求,进行国民经济评价时,在效益费用计算中需采用影子价格,因此需对以上工程费用和效益进行调整。本工程影子系数均采用 1,因此对其投资和效益不做调整。

15.4.2　评价采用的基本参数

(1)以工程建设期的第一年年初为起点,工程效益和费用均按年末发生和结算。

（2）根据《建设项目经济评价方法与参数》（第三版），社会折现率为8%，基准年为2011年。

（3）工程建设期为2年，工程运行期按30年计，整个计算期为32年。

15.4.3 国民经济评价指标

采用上述费用与效益计算经济内部收益率、经济净现值、经济效益费用比等评价指标。

经济内部收益率是项目计算期内各年的净效益现值累计等于零时的折现率；经济净现值是用社会折现率，将项目计算期内各年的净效益折算到计算期初的现值之和；经济效益费用比是用社会折现率将项目计算期内效益现值与费用现值之比。

经济内部收益率（$EIRR$）的表达式为

$$\sum_{t=1}^{n} (B - C)_t (1 + EIRR)^{-t} = 0$$

经济净现值的（$ENPV$）表达式为

$$ENPV = \sum_{t=1}^{n} (B - C)_t (1 + i_s)^{-t}$$

经济效益费用比（$EBCR$）的表达式为

$$EBCR = \frac{\sum_{t=1}^{n} B_t (1 + i_s)^{-t}}{\sum_{t=1}^{n} C_t (1 + i_s)^{-t}}$$

式中：B 为年效益；C 为年费用；n 为计算期；t 为计算期各年的序号；i_s 为社会折现率；$EBCR$ 为经济效益费用比；B_t、C_t 为第 t 年的效益、费用，万元。

经济评价分析计算及评价指标成果见表15-2及表15-3。

评价指标：经济内部回收率 $EIRR = 8.98\%$，经济净现值 $ENPV = 1\,542.63$ 万元，效益费用比 $EBCR = 1.10$。

15.4.4 国民经济敏感性分析

由于经济评价采用的数据大部分来自预测和估算，存在一定程度的不确定性，因此有必要分析有关数据的变动对经济评价指标或评价结果的影响。影响经济评价结果的因素很多，本次设计仅分析工程费用、工程效益的变动对经济评价结果的影响。国民经济敏感性分析结果如表15-3所示。

由表15-3可知，在上述风险指标下，项目的经济内部收益率均大于社会折现率8%，经济净现值大于零，效益费用比大于1，说明该项目具有较强的抗风险能力。

（单位：万元）

表15-2 国民经济效益费用流量

序号	项目	建设期		运行期									合计
		1	2	3	4	5	6	7	8	…	31	32	
1	效益流量 B			1 837.04	1 837.04	1 837.04	1 837.04	1 837.04	1 837.04	…	1837.04	1 852.00	55 126.16
1.1	项目各项功能的效益			1 837.04	1 837.04	1 837.04	1 837.04	1 837.04	1 837.04	…	1 837.04	1 852.00	55 126.16
1.1.1	供水效益			1 495.04	1 495.04	1 495.04	1 495.04	1 495.04	1 495.04	…	1 495.04	1 495.04	44 851.20
1.1.2	发电效益			242.00	242.00	242.00	242.00	242.00	242.00	…	242.00	242.00	7 260.00
1.1.3	防洪效益			100.00	100.00	100.00	100.00	100.00	100.00	…	100.00	100.00	3 000.00
1.2	回收固定资产余值												
1.3	回收流动资金											14.96	14.96
2	费用流量 C	7 656.86	7 656.86	164.59	149.63	149.63	149.63	149.63	149.63	…	149.63	149.63	19 817.58
2.1	固定资产投资	7 656.86	7 656.86										15 313.72
2.2	流动资金			14.96									14.96
2.3	年运行费（经营成本）			149.63	149.63	149.63	149.63	149.63	149.63	…	149.63	149.63	4 488.90
2.4	项目间接费用												
3	净效益流量 B-C	−7 656.86	−7 656.86	1 672.45	1 687.41	1 687.41	1 687.41	1 687.41	1 687.41	…	1 687.41	1 702.37	35 308.58
4	累计净效益流量	−7 656.86	−15 313.72	−13 641.27	−11 953.86	−10 266.45	−8 579.04	−6 891.63	−5 204.22	…	33 606.21	35 308.58	

计算指标：经济内部收益率： 8.98%　　　经济效益费用比： 1.10

经济净现值（万元）： 1 542.63　　　静态效益回收期（年）： 11.1

表 15-3　国民经济敏感性分析

项目	基本方案	投资增加 10%	效益减少 10%
经济内部收益率(%)	8.98	8.15	8.03
经济净现值(万元)	1 542.63	402.58	96.18
经济效益费用比	1.10	1.03	1.01

15.5　财务分析

由于本工程为供水工程,根据规范要求,需进行财务分析计算。

15.5.1　工程投资

工程静态总投资 17 206.43 万元,固定资产投资为 15 313.72 万元。

流动资金按年运行费的 10% 计,共计 21.69 万元。流动资金从项目投产前一年开始投入,本金在计算期末一次收回。

15.5.2　总成本费用

15.5.2.1　折旧费

固定资产价值折旧形成折旧费,采用历年平均折旧法计算,运行费历年固定资产折旧费按固定资产价值乘以综合折旧率求得,折旧率取 2%。经计算,年折旧费为 306.27 万元。

15.5.2.2　年运行费

年运行费包括职工工资及福利费(含劳保统筹费、住房基金)、修理费、材料费、水资源费、管理及其他费用。

(1)职工人数 34 人,职工工资取 12 000 元/(人·年)。福利费、劳保统筹费、住房基金取工资总额的 44%。共计为 58.75 万元。

(2)工程维护费取固定资产价值的 0.3%,共计 45.94 万元。

(3)工程材料、燃料动力经费估算每年共计 20 万元。

(4)水资源费根据自治区政府水资源收费标准 0.03 元/m³ 执行,共计 56.06 万元。

(5)管理及其他费用,按(1)~(4)总和的 20% 计,共计 36.15 万元。

年运行费合计:216.90 万元。

总成本费用见表 15-4。

表 15-4　总成本费用

序号	项目	总成本费用 （万元）
1	总成本费用	523.17
1.1	基本折旧费	306.27
1.2	年运行费	216.90
1.2.1	工资福利费	58.75
1.2.2	维护费	45.94
1.2.3	材料及燃料动力费	20
1.2.4	水资源费	56.06
1.2.5	管理及其他费	36.15

15.5.3　财务收入

本项目可向巴马城区及周边供水和沿程有关村组的人畜饮水,年供水量为 1 868.8 万 m³。供水水价采用 0.8 元/m³,每年供水效益为 1 495.04 万元。

15.5.4　财务收支平衡

所略水库水源工程每年的财务收支为:净收入 = 1 495.04 - 523.17 = 971.87(万元)。

15.5.5　盈利、偿债能力分析

经计算,财务分析成果见表 15-5。

表 15-5　所略水库水源工程财务分析成果

项目	指标
财务内部收益率(%)	4.38
财务净现值(万元)	758.93
投资回收期(年)	17.8
效益费用比	1.03

由表 15-5 可见,财务内部收益率为 4.38%,大于 4%;财务净现值是 758.93 万元,大于 0;效益费用比 1.03,大于 1。从财务上看,本工程效益较好。

15.6　综合评价

所略水库水源工程是以供水、发电为主的综合利用水利工程。工程建成以后,可增加

供水水源,每年可向巴马县城区及周边提供清洁自然水 1 868.8 万 t。从国民经济评价看,本工程的效益是好的,其各项指标都达到了规范要求。

从财务分析看,其经济指标也是较好的,而且本工程属准公益性项目,还可为下游提供防洪保障,其防洪效益较大,社会效益显著。

通过以上分析可以看出,所略水库水源工程经济评价指标较好,社会效益显著,工程在经济上是合理的。同时,工程具有一定的抗风险能力。建议工程尽早实施,早日发挥效益。

参 考 文 献

[1] 詹道江,叶守泽. 工程水文学[M]. 北京:中国水利水电出版社,1987.

[2] 徐宗学. 水文模型[M]. 北京:科学出版社,2009.

[3] 孟文文,冯佐海,容艳,等.河池市饮用水水源地安全状况评价[J]. 黑龙江水专学报, 2008(1):91-94.

[4] 珠江水利委员会. 珠江流域综合规划[R]. 广州:珠江水利委员会,2007.